音楽で身につける

ディープラーニング

北原 鉄朗 著

Ohmsha

はじめに

　ディープラーニングという言葉が世間を賑わすようになって、そろそろ10年でしょうか。その間、「画像認識精度が人の能力を超えた」「本物そっくりの人物画像を作れるようになった」などの話題で、Web ニュースや SNS などが賑わってきました。最近では、ChatGPT という、人間のような応答ができるチャットシステムも大変な人気です。研究者や技術者でない人のなかにも、ちょっと勉強してみたい、ちょっと試してみたいと思った方が多くいらっしゃるのではないでしょうか。こうしたブームは**第3次AIブーム**と呼ばれ、いまも続いています。

　2010年代の半ばまでは、ディープラーニングはそれなりに試すのが面倒な技術でした。それなりの性能の PC を用意し、GPU ボードをセットアップし、大規模計算に必要なライブラリをインストールする作業は、結構な手間がかかります。かくいう筆者も、普段の授業などの業務の合間にこれらの作業を行うのは大変で、なかなか実際にデータをモデルに食わせて学習させるところまでいかない状況が続いていました。

　この問題を打ち破ったのが、本書でも取り上げる Google Colaboratory です。Web ブラウザ上で環境構築なしに簡単にプログラムを書くことができ、GPU も使うことができるこのサービスは、ディープラーニングをちょっと試してみるハードルを一気に下げてくれました。筆者がこのサービスを使い始めたのは2020年3月なのですが、ちょうど新型コロナウイルス感染症にともなうオンライン授業が始まるタイミングで、学生さんが特別な環境構築をすることなく自分の PC ですぐに試せるプログラミング環境をさがしていたところだったので、大変ありがたかったのを覚えています。

　さて、本書で取り上げる**音楽**は、機械学習を学ぶ書籍の題材としては珍しいかもしれません。しかし、画像や音声、自然言語と同様、音楽の世界にもディープラーニングの波はしっかりと届いています。特に、自動作曲をディープラーニングで行う研究は、ここ10年で大幅に増加し、目まぐるしい進化を遂げています。

　本書の目的は、**音楽の自動生成を題材に、ディープラーニングの代表的な手法を一通り学ぶ**ことです。音楽にはさまざまな顔があります。音符一つひとつに文字を割り当てれば、自然言語と同様に扱うことができます。演奏内容をピアノロールという表現に変換すれば、画像として扱うこともできます。

そのため、音楽という 1 種類のデータを使ってさまざまな手法を広く学ぶことができます。

　本書では、基本的な手法を基礎から学ぶことを重視したため、学習に何日もかかるような複雑なモデルや、理解が難しいトリッキーな工夫は行っていません。そのため、生成される楽曲は、ちまたで話題の最新の研究に比べると、派手さがないと思われるかもしれません。しかし、本書のプログラムを、パラメータを変えたりデータを差し替えたりしながら一つひとつ試すことで、機械学習の勘所がだんだん分かってくると思います。本書で示したモデルを、より良いモデルを作るための出発点として活用していただければと思います。

● 本書はどんな人が読むべきか

本書は、次に当てはまる人に最適です。

- ディープラーニングの代表的な手法を、実際に手を動かしながら学びたい人
- ディープラーニングのサンプルプログラムを動かしてみたけど、自分が用意したデータにどう適用していいか分からない人
- MNIST（手書き数字の画像データ）を使ったチュートリアルに飽きてしまった人
- 自動作曲や自動編曲のプログラムを自分で作りたい人
- ディープラーニングの代表的な手法を適用したら、どの程度の音楽が生成されるか知りたい人

一方、次のような人には適さないかもしれません。

- 自動作曲などの最新の研究成果を手っ取り早く利用したい人
- ディープラーニングの各手法を、数理的に厳密に理解したい人

　本書では、Python というプログラミング言語および TensorFlow という汎用の機械学習ライブラリを使って、自分で音楽データを学習させます。Magenta などの音楽生成に特化した学習済みモデルは扱いません。もしも Magenta を使った音楽生成に興味があるなら、オーム社から出版されている『Magenta で開発 AI 作曲』をお読みになることをおすすめします。本書では、数学的な説明は最小限におさえています。そのため、各手法の数理的な理論を理解したい方は、他書をあたられるのがいいかと思います。また、

Python そのものの説明もほとんどしていません。本書で示すプログラムでは高度なプログラミング技法や Python 独特の書き方はほとんど使っていませんので、プログラミングに関する一般的な知識があれば理解できると思いますが、必要に応じて Python の文法などを説明した本を併用されるといいかと思います。

● 本書の構成

第 1 章では、音楽とディープラーニングの関係について紹介した後、そもそもニューラルネットワークがどういうものなのかを簡単に解説します。その後、本書で取り上げる開発環境である Google Colaboratory を紹介します。

第 2 章では、まず、本書を読むうえで必要となる音楽と MIDI の知識を簡単に説明します。その後、MIDI データを読み込んだり書き込んだりするプログラムを作成します。

第 3 章以降では、章ごとに「お題」を決めて、そのお題に沿ってニューラルネットワークの代表的な手法を学んでいきます。お題は、「メロディにハモリパートを付ける」のように音楽生成関連のものが中心になっています。各章は、基本的に次の流れになっています。

1. 本章のお題 ── どんな処理を実現するか（お題）を決めます
2. どう解くか ── お題をどう実現するかを議論します
3. ざっくり学ぼう ── お題を実現するのに用いる手法のエッセンスを学びます
4. コードを書いて試してみよう ── 実際に動くコードを紹介します
5. もう少し深く ──「ざっくり学ぼう」では省略した詳細を学びます
6. 研究事例紹介 ── その章で学んだ手法を利用した研究事例を紹介します

このように、

- 何を実現したいのかを最初に定義したうえで、それをどのような手法で実現するかを議論する
- その手法のエッセンスのみを先に説明し、詳細の解説はコードの紹介の後に配置する

という工夫をしています。「もう少し深く」の項では、数式も出てきます。難

しいと思われる場合は飛ばして読んでいただいても構いません。

● 実行環境

　本書では、すべてのプログラムを Google Colaboratory で実行します。そのため、Web ブラウザ（Google Chrome 推奨）が入っている PC さえあれば、特別な環境は必要ありません。Google Colaboratory を使うには、Google アカウント（Gmail を読み書きするのに必要なアカウント）を作る必要があります。無料で作成できますので、お持ちでない方はこれを機会にお作りください。

　Google Colaboratory ノートブックは、Google ドライブ内に作成されます。Google ドライブを開き、本書のプログラムを作成するためのフォルダを作っておくことをおすすめします。

　プログラムの内容を理解するには、自分で入力すること（いわゆる写経）が有効です。ですので、ぜひご自分で入力していただきたいと考えていますが、それなりの量があるので大変かもしれません。そこで、入力済みの Google Colaboratory ノートブックを用意しました。次のサポートページから入手できます。

　本書サポートページ：`https://dlm.kthrlab.jp`

　次の手順でお試しいただけます。

1. 2.3 節の案内に基づいて音楽データ（MIDI データ）をダウンロードし、Google ドライブの所定のフォルダにアップロードする。
2. 上の URL から Google Colaboratory ノートブックを開き、「コピーをドライブに作成」を実行する。
3. マイドライブにコピーされた Google Colaboratory ノートブックを開き直す。
4. 各章の案内に従ってコードセルを順番に実行する（その際、必要に応じて、パスの指定を自分の環境に合わせて変更する）。

● YouTube のご案内

　本書のプログラムを使って実行した音楽生成の実行結果を YouTube 上の動画として用意しています。上述のサポートページからリンクしていますので、こちらも本書と合わせてご覧ください。

● 謝辞

　本書は、私が所属する日本大学文理学部および日本大学大学院総合基礎科学研究科で行ってきた授業の内容がベースになっています。その授業内容は、2021 年 3 月に情報処理学会音楽情報科学研究会（通称、SIGMUS）傘下の計算論的生成音楽学 WG（通称、GMI）主催で行った「音楽自動生成チュートリアル」を大幅に拡張したものです。このチュートリアルを共同で実施した、産業技術総合研究所の深山 覚氏に心から感謝いたします。深山氏とは彼が学生の頃からの長い付き合いであり、さまざまな相談や議論をしてきました。本書を書く過程でも、疑問が生じた際にはいろいろと質問させていただきました。ありがとうございました（とはいえ、本書の解説は私の完全オリジナルであり、万が一誤りがあった場合の責任は私にあります）。

　日本大学生産工学部の植村あい子氏には、本書の前身である授業資料に目を通していただき、上で述べた授業の補助もしていただきました。私の研究室で 2022 年 5 月まで働いてくださった藤井潤子氏、2022 年 6 月から働いてくださっている与那嶺あきお氏には、プログラムの動作確認をしていただきました。佐久間道仁氏には、いくつかの図の作成を手伝っていただきました。川鍋僚太氏には、サポートページで公開している動画を作っていただきました。

　オーム社の皆さまには、本書を執筆するきっかけをいただいただけではなく、なかなか進まない執筆を辛抱強く待っていただき、本当にありがとうございました。

　最後に、ただでさえ普段から帰りが遅いし家事もしないのに、それが輪をかけてひどくなったこの 2 年間、我慢してくれた家族に感謝します。

2023 年 9 月

北原　鉄朗

目次

第1章 音楽を題材にディープラーニングを学ぼう

　「音楽を題材にディープラーニングを学ぶ」——読者の皆さんは、このフレーズをどのように受け止めるでしょうか。ディープラーニングの題材として圧倒的に多いのは画像と言語（テキスト）でしょう。なので、音楽は少し異色に思われるかもしれません。あるいは、最近ちまたで「作曲する AI」の技術開発がニュースになったりしているので、以前ほど意外には思われないかもしれません。本章で述べるように、音楽はディープラーニングとの相性がよく、ディープラーニングで作曲する研究が世界中で行われています。まずは本章で予備知識を身につけて、「作曲するディープラーニング」の探求を始める準備運動をしましょう。

1.1 作曲するディープラーニング —実はここ 10 年の超ホットトピック

　人の手を介さずにコンピュータが作曲することを**自動作曲**といいます。自動作曲は、実はかなり長い歴史があります（1950 年代に開発されたものが存在します）。とはいえ、世界中の IT 企業が開発に乗り出したりとか、開発事例がニュースで話題になったりとか、そういう存在ではありませんでした。

　しかし、いまは違います。`https://github.com/affige/genmusic_demo_list` を見てください。これは、ディープラーニングを用いた音楽生成に関する研究のデモを聴けるページを集めたリンク集です。2010 年代に本格化した第 3 次 AI ブーム以降、毎年数多くの研究事例が発表されています。特に、Google Brain が、Magenta という音楽生成ライブラリを開発し、NIPS という国際会議*1でそのデモを行って賞を取ったことは、衝撃でした。自動作曲は、とうとう巨大 IT 企業の研究所が本気で参入する研究分野になったのです。

---

*1　いまは NeurIPS という名前に変更されています。

1.2 なぜ「音楽」なのか

　筆者は、音楽とディープラーニング（正確には、ディープラーニングを含む情報処理技術全般）は、大変相性が良いと思っています。音楽には、**楽譜**という表現方法があります。これを使うことで、比較的簡単にコンピュータに取り込めるデータにすることができます。また、これまでの音楽家が長大な歴史の中で作り上げた「文法」とでもいうべきものが、**音楽理論**としてまとまっています。たとえば、ある音とある音を同時に鳴らすと不協和音になるといった事柄を、音楽理論を学ぶことで知ることができ、ディープラーニングのモデルの設計や評価のときに役立てることができます。機械学習の研究者が、自らの技術の応用先として音楽に注目するのも、わかるのではないでしょうか。

　ディープラーニングによる音楽生成が実現すると、どんなうれしさがあるのでしょうか。筆者は、大きく分けて次の四つのうれしさがあると考えています。

- **いままでにはない音楽が生まれる可能性がある**
  シンセサイザーや録音技術を例にとれば分かるように、音楽は、常にテクノロジーの発展と隣り合わせで発展してきました。人間が作曲する場合、ついついどこかで聴いたメロディや以前作ったメロディに影響を受けがちです。ディープラーニングを用いることで、人間には到底思いつかないようなメロディを生成できるようになれば、これまでには存在しえなかった音楽が世に出てくるかもしれません。

- **音楽の多様性が急速に拡がる**
  現状でも世の中に無数の音楽が存在しますが、今聴いている曲を気分や天気、状況、目的などに応じて微妙に変化させるというのは、さすがに無理というものです。ディープラーニングによってその場で作曲されたものを聴いて楽しむという状況になれば、気分や天気などをディープラーニングに入力することで、それらに応じて微妙に変化をつけた楽曲を聴いて楽しむことができるようになるかもしれません。実際、ゲーム音楽の分野では、ゲームの状況に合わせて BGM に変化をつける試みが始まっています（**アダプティブミュージック**と呼ばれています）。

- 誰もが音楽表現を楽しめるようになる

  これまでは、作曲はそれなりの知識を持った人のみができる楽しみでした。しかし、ディープラーニングの助けによって、専門的な知識のない人でも自分なりの楽曲を作れるようになれば、音楽の楽しみ方は一気に広がります。カメラの出現によって、絵が描けない人でも写真として情景を記録・表現できるようになったり、画像処理技術の発展で、誰もがさまざまな写真加工を楽しめるようになったのと同様、「ふつうの人」が自分なりの音楽を作ったり、音楽を好きに加工したりできる日は、おそらく近いだろうと思われます。

- 創造性とは何かを知る手がかりになる可能性がある

  音楽を作ることが創造的な行為だというのは論をまたないと思いますが、そもそも創造性とは何なのでしょうか。創造的な行為を実行できるコンピュータを作ることで、創造性とは何かを考える研究分野として、**計算論的創造性**というものがあります。音楽は、計算論的創造性を研究する題材としてよく取り上げられます。音楽を作るコンピュータを実現することが、創造性とは何かを考察する一歩につながるとスゴいですね。

このように、ディープラーニングで音楽を生成する技術は、さまざまな可能性を持っています。ぜひ、読者の皆さんも、本書をもとにして自分独自の音楽生成を試してみていただければと思います。

Column 「認識」と「生成」とは

本書では、4章以降において音楽を**生成**するディープラーニングを扱います。ディープラーニングが実現できる事柄には、生成の他に**認識**があります。では、この二つはどう違うのでしょうか。

「認識」と「生成」の違いは、ざっくりいうと**対象とするコンテンツ（画像、文章、音声、音楽など）が入力なのか出力なのか**（図1.1）です。認識の場合は、これらのコンテンツが機械学習モデルに入力されます。では、モデルからは何が出力されるのか。たとえば音声であれば、発話内容を文字にしたものが考えられます。これが**音声認識**です。**画像認識**や**画像識別**であれば、画像が入力されたときに、何の画像かを表すデータを出力する処理を指します。音楽の場合、何を出力するかによってさまざまな処理が考えられます。たとえば「クラシック」「ロック」「ジャズ」などのジャンルを表すデータを出力する処理は、**ジャンル識別**と呼ばれます。演奏を録音した音（wavデータやmp3データ）

から、その演奏の楽譜を出力する処理（**自動採譜**）も、音楽認識の一種です。

　生成の場合は、画像、文章、音声、音楽などのコンテンツが出力に来ます。つまり、「どんな画像や音楽がほしいかを表すデータを入力として、実際に画像や音楽を作り出して出力する処理」ということができます。そのため、出力は比較的わかりやすいのですが、入力（どんなコンテンツがほしいかを表すデータ）を具体的にどう設計するかはまちまちであり、実際、研究やシステムによって異なります。

図 1.1　「認識」と「生成」の違い

1.3　ニューラルネットワークってそもそも何?

　本書で学ぶディープラーニングは、**ニューラルネットワーク**と呼ばれる技術がベースになっています。「ニューラルネットワーク」という言葉は、本書を手に取ってくださった方なら、多くの方が聞いたことがあるかと思います。よく「人間（あるいは動物）の脳の神経回路を模したモデル」などのように説明されるので、なにやらスゴいものなんじゃないかと思う人が多いのではないでしょうか。たしかに、脳の神経回路を参考に作られたモデルであることに間違いはないのですが、そういうことを一切忘れて考えたほうが、理解しやすいと思います。

　ここでは、ニューラルネットワークが決して神秘的なものではないことを納得していただくために、中でどんな計算を行っているかについて、煩雑にならない範囲で具体的に説明しようと思います。ですので、若干の数学用語が出てきますが、中学数学レベルに抑えるようにしていますので、ご安心く

ださい。もしも難しいなと思われたら、第2章以降のプログラムを一通り試した後に、改めて読んでもらえればと思います。

　ニューラルネットワークが行っていることは、一言でいえば**関数近似**です。「関数」というのは、中学校の数学で学習しましたね。$y = ax + b$ とか、そういうものです。たとえば、x に 1 を入れたときは y は 3 になるとか、x に 3 を入れたときは y は 7 になるとか、そういう情報をたくさん教えてもらって、それをちゃんと再現できるように a や b を決めるというのが、関数近似です（ちなみに、この場合は $a = 2, b = 1$ です）。これをするには、次の三つのステップが必要です（**図 1.2**）。

1. 入力 x と出力 y の関係式（たとえば $y = ax + b$）を決める。
   この関係式を**モデル**という場合があります。
2. 入力 x と出力 y の事例（たとえば $x = 1 \Rightarrow y = 3,\ x = 3 \Rightarrow y = 7$）をたくさん集める。
   これを**学習データ**といいます。
3. 2. をできるだけ満たすように a, b の値を決める。
   a, b を**パラメータ**といいます。

つまり、ニューラルネットワークにおける**学習**とは、あらかじめ集めた学習データを使って、入力データを与えたら正しい出力データが得られるように

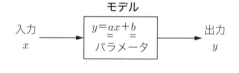

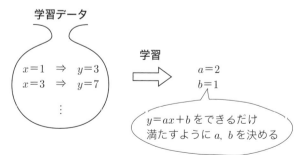

図 1.2　**モデル**は、入力データと出力データの関係を数式で近似したもの。あらかじめ集めた学習データに現れる入力と出力の関係をできるだけよく満たすように、モデル内のパラメータ（a, b などの係数や定数項）を決めることが、**学習**である。

パラメータの値を決めることであるといえます。もちろん、現実のニューラルネットワークはもう少し複雑です。とはいっても、$y = ax + b$ のような単純な式をたくさん組み合わせて複雑なことをしているだけで、基本的な考え方は何も変わりません。

　では、「2. をできるだけ満たすように a, b の値を決める」というのは、どうやって行うのでしょうか。2. を**満たせていない度合い**、つまり、計算で得られた y の値が正解として与えられた y の値からどのぐらいズレているかを表す式（**損失関数**といいます）を作っておきます。a, b の値をグリグリ動かしながら、この式の値が一番小さくなるものを探すという処理を行います（**図 1.3**）。この処理を**最急降下法**といいます。

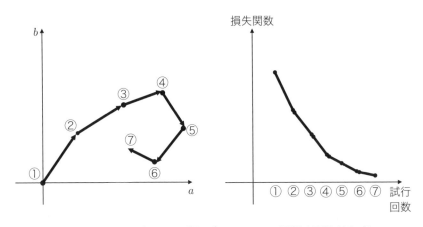

図 1.3　学習の様子を表すイメージ図。パラメータ a, b の初期値を適当に決め、**損失関数**の値が最小になるまで a, b の値を動かす。損失関数とは、計算で得られた y の値と正解として与えられた y の値のズレを表す関数である。

　本書のテーマである**ディープラーニング**は、このニューラルネットワーク、つまり入力データから出力データを得る計算式を、何層にも積み上げたもの（**ディープニューラルネットワーク**）を学習することであるといえます。詳しくは、第 3 章にて説明します。

1.4　Google Colaboratory を試してみよう

1.4.1　Google Colaboratory のはじめの一歩

Google Colaboratory は、Google Chrome や Microsoft Edge など

の Web ブラウザ上で Python のプログラム作成と実行を試すことができる
Google のサービスです。TensorFlow などの機械学習に使われるライブラ
リがすでにインストール済みであるのに加え、無料版では一定の制限がある
ものの、GPU[*2]を搭載した仮想マシンを使うことができるのが魅力です。

　では、最初に Google Colaboratory を使う準備をしましょう。Google
Colaboratory は、Google ドライブ上で使用します。ですので、まず最初
に、Google ドライブを開きましょう[*3]。Google ドライブを開いたら、新し
いフォルダを作って開いておきましょう（**図 1.4**）。

図 1.4　Google ドライブで新しいフォルダを作って開いたところ。ここから
　　　　Google Colaboratory ノートブックを作成する。

　新しいフォルダを開いたら、何もないところで右クリックしてみましょう。
新しく作成する文書の種類を選ぶコンテクストメニューが表示されます。も
しも、すでに Google Colaboratory がインストール済みであれば、「その他」
の中に「Google Colaboratory」という項目があります（**図 1.5**）ので、これ
を選べば OK です。まだインストールをしていなかったら、この項目はない
はずなので、「アプリ追加」を選びます。追加するアプリを検索する画面にな
りますので、「Colaboratory」と入力して出てきたもの（**図 1.6**）を選びます。
Google Colaboratory のインストールが完了したら、あらためて Google
ドライブのフォルダの中で右クリックを押して、「Google Colaboratory」
を選びます。**図 1.7** のような画面が出てくると思います。これが、「Google
Colaboratory ノートブック」です。四角形の領域があり、これがコード入

*2　GPU はグラフィックスのための計算を行う演算装置ですが、定形の計算を大量に並列で行う
　　のが得意になっていて、ニューラルネットワークなどの学習でも実力を発揮します。機械学習
　　関連の処理を行おうと思ったら、いまでは必須の装置です。
*3　Google アカウント（Gmail アドレスにアクセスするためのアカウント）が必要です。

図 1.5　Google ドライブにおいて何もないところで右クリックをしたところ。新しく作成するドキュメントの種類を選択する。ここの「その他」にすでに「Google Colaboratory」がある場合は、これを選べばよい。

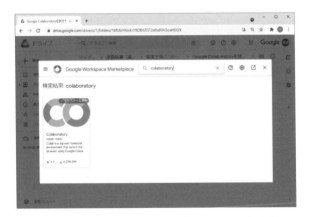

図 1.6　Google ドライブにおいて追加するアプリを選ぶ画面。「Colaboratory」と入力して検索を行い、発見されたアプリをインストールする。

力領域になっています。ここに Python コードを入力して、横の三角ボタンを押すと実行が始まります。実行結果は、すぐ下に表示されます。

では、さっそく Python コードを入力してみましょう。新しい環境でプログラミングを試す第 1 歩は、何といっても「Hello World」です[*4]。とはいっても、もっと短い文字列でも何ら問題はありませんので、「hello」と出力するプログラムを作ることにしましょう。次のプログラムを入力し、コード入力領域の左にある [▷] ボタンか Ctrl+Enter を押して実行してみてください。

---

*4　プログラミングの勉強で最初に表示する定番の語句です。

図 1.7 新しい Google Colaboratory ノートブックを開いたところ

図 1.8 Google Colaboratory ノートブックに簡単なコードを入力して実行したところ

コード 1.1 Python プログラミングのはじめの一歩

```
1  print("hello")
```

図 1.8 のように表示されたら成功です。おめでとうございます！

1.4.2 コードセルを追加する

さらなるコードを入力して実行したいときは、「コードセル」といわれるコード入力領域を追加します。左上にある「＋コード」をクリックしてみてください。コード入力領域が新しくできたと思います（**図 1.9**）。上のコードセルで使った変数（関数内のローカル変数などを除く）がそのまま引き継が

図 1.9　Google Colaboratory ノートブックに新しいコードセルを追加したと
ころ

れますので、実行済みのコードセルである変数に代入した計算結果を確認す
るなんていうときに便利です。

　今後、一連のコードをいくつかの塊に分けて入力・実行していくことにな
ると思います。たとえば、MIDI データ（MIDI データが何かは 2.2 節で説明
します）を読み込むコードを入力して実行し、MIDI データが読み込まれてい
ることを確認した後、TensorFlow（機械学習モデルを構築するためのライブ
ラリ）を呼び出すコードを入力する、といった具合です。ですので、コード
セルを追加する方法はよく覚えておきましょう。

　注意点が一つあります。コードセルに書かれたプログラムは、実行しない
と読み込まれません。特に関数を定義するコードセルは要注意です。**図 1.10**
を見てください。一つ目のコードセルで printHello という関数を定義してい

図 1.10　関数を定義するコードセルを実行せずに、関数を呼び出すコードセルを
実行した場合

ます。しかし、このコードセルを実行せずに、次のコードセルで printHello
関数を呼び出すコードを書いて、実行してしまいました。printHello 関数を
定義するコードは読み込まれていませんので、

```
NameError: name 'printHello' is not defined
```

というエラーが起きてしまっています。特にすでに入力済みの関数を修正す
るときは要注意です。関数の定義を修正したらそのコードセルを実行するこ
とを忘れないようにしてください。

1.4.3 科学計算のための基本パッケージ「NumPy」

NumPy は、Python で行列計算などを簡単に書けるようにするためのライ
ブラリです。ディープラーニングに限らず機械学習では行列計算をよく行う
ので、ここで説明しておきます。NumPy を使わずに Python で行列を作ろ
うと思ったら、配列[*5]の配列として作ることになります。たとえば、

$$\begin{pmatrix} 1.0 & -1.0 \\ 0.0 & 1.0 \end{pmatrix}$$

という行列を定義しようと思ったら、次のような形になります。

コード 1.2　Python 標準の配列で行列を作る

```
1   a = [[1.0, -1.0], [0.0, 1.0]]
```

NumPy の機能を使うと、行列計算を大変すっきりと書くことができます
が、それをするには、**ndarray**と呼ばれる別の形式（本書では、**NumPy
配列**と呼ぶことにします）に変換する必要があります。コード 1.2 で作っ
た行列を NumPy 配列に変換してその内容を画面出力するのが、次のコード
です。

コード 1.3　NumPy 配列を使って行列を作る

```
1   import numpy as np
2   a = [[1.0, -1.0], [0.0, 1.0]]
3   a = np.array(a)
4   print(a)
```

[*5]　Python では配列ではなく「リスト」と呼びますが、Python 以外のプログラミング言語を含
めた用語の普及度を考慮し、あえて「配列」と呼ぶことにします。

```
import numpy as np
a = [[1.0, -1.0], [0.0, 1.0]]
a = np.array(a)
print(a)

[[ 1. -1.]
 [ 0.  1.]]
```

```
a = [[1.0, -1.0], [0.0, 1.0]]
a = np.array(a)
```

は、まとめて

```
a = np.array([[1.0, -1.0], [0.0, 1.0]])
```

と書いても構いません。NumPy 配列に変換してしまえば、行列計算、ベクトルや行列から一部の行や列を取り出すなどの処理を短く書くことができます。いくつかの例を挙げておきます。

- 行列の足し算

コード 1.4　行列どうしを足し算する

```
1    # NumPy をインポートして np という別名を設定
2    import numpy as np
3
4    # 2 行 2 列の行列を二つ定義（それぞれ a，b という変数に代入）
5    a = np.array([[1.0, -1.0], [0.0, 1.0]])
6    b = np.array([[0.0, 2.0], [1.0, 1.0]])
7
8    # 2 つの行列の和を求める
9    c = a + b
10
11   # 計算結果を画面出力
12   print(c)
```

実行結果

```
import numpy as np
a = np.array([[1.0, -1.0], [0.0, 1.0]])
b = np.array([[0.0, 2.0], [1.0, 1.0]])
c = a + b
print(c)

[[1. 1.]
 [1. 2.]]
```

● 行列から一部を取り出す

コード 1.5　行列から 1～2 行 2～3 列目を取り出す

```
 1  import numpy as np
 2
 3  # 3 行 3 列の行列を一つ定義
 4  a = np.array([[1.0, -1.0, 0.0], [-0.5, 1.0, 0.2],
        [0.0, 2.0, 1.0]])
 5
 6  # 行列 a から 1～2 行 2～3 列目を取り出す
 7  #「○から○まで」の指定では、添え字が 0 始まりであることと
 8  #「○まで」の指定ではその数自身を含まないことに注意が必要
 9  b = a[0:2, 1:3]
10
11  # 結果を画面出力
12  print(b)
```

実行結果

```
import numpy as np
a = np.array([[1.0, -1.0, 0.0], [-0.5, 1.0, 0.2], [0.0, 2.0, 1.0]])
b = a[0:2, 1:3]
print(b)

[[-1.  0. ]
 [ 1.  0.2]]
```

「NumPy Quickstart Tutorial」[6]にさまざまなサンプルコードがありますので、一度実行してみることをお勧めします。

---

*6　https://numpy.org/devdocs/user/quickstart.html

1.4.4 可視化のためのライブラリ「Matplotlib」

Matplotlibは、さまざまなグラフを簡単に描画できるライブラリで、NumPyとセットで用いられます。本書では、読み込んだMIDIデータやディープラーニングで生成された楽曲などの中身をわかりやすく描画するのに使用します。本書で使用するのは、plotとmatshowという二つのメソッド[7]です。

plotは、点の座標をたくさん与えると、それらを折れ線グラフでつないでくれるメソッドです。点の座標が十分に多くあれば、実質的に曲線を描くこともできます。sin波を描画する例を試してみましょう。

コード 1.6　Matplotlibで sin 関数をプロットする

```
1   # NumPy と Matplotlib をインポートし、np、plt という別名を設定
2   import numpy as np
3   import matplotlib.pyplot as plt
4
5   # 0 から 10 まで 0.01 刻みの等差数列を作成
6   x = np.arange(0, 10.0, 0.01)
7
8   # x の各要素に対して sin(x) を計算
9   y = np.sin(x)
10
11  # x の各要素を x 座標、y の各要素を y 座標とした点をプロット
12  plt.plot(x, y)
```

実行結果

```
import numpy as np
import matplotlib.pyplot as plt
x = np.arange(0, 10.0, 0.01)
y = np.sin(x)
plt.plot(x, y)
```

[<matplotlib.lines.Line2D at 0x7f1320e8c090>]

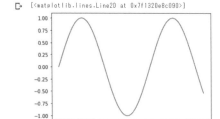

---

[7]　**メソッド**とは関数のようなもので、引数付きで呼び出すことができるプログラムの小さな塊です。本書では、関数とメソッドがどう違うかは省略することにします。

matshow は、行列をグラフィカルに表示するメソッドです。行列の各要素に対して、小さな値ほど暗い色、大きな値ほど明るい色を割り当てて表示します。次のコードを実行してみましょう。

コード 1.7　Matplotlib で行列を可視化する

```
1  import numpy as np
2  import matplotlib.pyplot as plt
3
4  # 3 行 3 列の行列を定義
5  a = np.array([[1.0, -1.0, 0.0], [-0.5, 1.0, 0.2],
      [0.0, 2.0, 1.0]])
6
7  # a の内容を描画（値が高いほど明るい色で表示）
8  plt.matshow(a)
```

実行結果

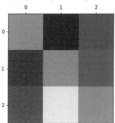

```
[5] import numpy as np
    import matplotlib.pyplot as plt
    a = np.array([[1.0, -1.0, 0.0], [-0.5, 1.0, 0.2], [0.0, 2.0, 1.0]])
    plt.matshow(a)

    <matplotlib.image.AxesImage at 0x7f13205642d0>
```

実行すると、上図のように、行列の各要素が色として表示されると思います（上の図では紙面の都合上グレースケールになっていますが、実際の実行結果には色が付いているはずです）。表示結果と数値を比べてみると、-1.0 が紫、2.0 が黄色に割り当てられ、残りは、紫よりは明るく黄色よりは暗い色に割り当てられていることがわかります。このように、行列の中の最小値が紫に、最大値が黄色に、その間の値は間の色に割り当てられます[*8]。

---

*8　したがって、同じ値であっても、行列の他の値との大小関係によって、割り当てられる色は変わります。

1.5 本章のまとめ

本章では次のことを学びました。

- ニューラルネットワークが行っていることは、**関数近似**である。
- ニューラルネットワークでいう**学習**とは、与えられた入力データと出力データの組から、その入力と出力の関係をできるだけ再現するように式のパラメータを調整することである。
- 式のパラメータの調整は、**損失関数**と呼ばれる式の最小化により行われる。
- Google Colaboratory を使うと、Web ブラウザ上で簡単に Python プログラムを入力・実行できる。

次章では、本書を理解するのに必要な音楽や MIDI の知識を学んだ後、MIDI ファイルを読み込むプログラムを作成します。

Column　スカラー、ベクトル、行列

　ディープラーニングに限らず、機械学習に関する数式には、**ベクトル**や**行列**というものが頻繁に出てきます。どちらも数値を並べたもので、それほど難しい概念ではありませんので、ここでおさえておきましょう。

　数値を縦または横にいくつか並べたものを**ベクトル**といいます（**図1.11**）。n個の数値を並べたベクトルは「n次元ベクトル」と呼ばれます。縦に並べたものは**縦ベクトル**、横に並べたものは**横ベクトル**と呼びます。

　数値を縦と横の両方に並べたものを**行列**といいます。縦方向にm個、横方向にn個並べた行列は「m行n列」または「$m \times n$型」の行列と呼ばれます。n次元の縦ベクトルは$n \times 1$型の行列と、n次元の横ベクトルは$1 \times n$型の行列と同一視することができます。

　数値一つからなるものは**スカラー**と呼ぶことがあります。スカラーは、1次元ベクトルや1×1型の行列と同一視することができます。

スカラー	ベクトル	行列
2.4	$\begin{pmatrix} 2.4 \\ -1.8 \\ 3.7 \\ 4.9 \end{pmatrix}$	$\begin{pmatrix} 3.8 & -4.6 & 2.9 & 0.8 \\ -1.0 & 2.8 & 5.4 & 0.0 \\ 0.2 & -0.8 & 0.0 & 2.4 \end{pmatrix}$

$(2.4, -1.8, 3.7, 4.9)$ ← 4次元ベクトル

3行4列の行列（3×4型の行列）

| 数値一つ | 数値を縦または横に並べたもの | 数値を縦・横に並べたもの |

図1.11　スカラー、ベクトル、行列

　ベクトルや行列にもいろいろな演算が定義されています。ベクトルや行列どうしの足し算は、要素ごとに足し算をすればOKです。ただし、次元数やサイズが揃っている必要があります。ベクトルや行列のスカラー倍は、すべての要素に与えられたスカラーを掛け算します（**図1.12**）。ベクトルどうし、行列どうしの掛け算もあるのですが、ちょっと複雑なのでここでは省略します。

ベクトルどうしの足し算

$$\begin{pmatrix} 2.4 \\ -1.8 \\ 3.7 \end{pmatrix} + \begin{pmatrix} 0.6 \\ 0.2 \\ -0.7 \end{pmatrix} = \begin{pmatrix} 2.4+0.6 \\ -1.8+0.2 \\ 3.7-0.7 \end{pmatrix} = \begin{pmatrix} 3.0 \\ -1.6 \\ 3.0 \end{pmatrix}$$

行列どうしの足し算

$$\begin{pmatrix} 2.4 & 3.7 \\ -1.8 & 1.2 \end{pmatrix} + \begin{pmatrix} 0.6 & -0.7 \\ 0.2 & 0.4 \end{pmatrix} = \begin{pmatrix} 2.4+0.6 & 3.7-0.7 \\ -1.8+0.2 & 1.2+0.4 \end{pmatrix} = \begin{pmatrix} 3.0 & 3.0 \\ -1.6 & 1.6 \end{pmatrix}$$

ベクトルのスカラー倍

$$2.0 \times \begin{pmatrix} 2.4 \\ -1.8 \\ 1.2 \end{pmatrix} = \begin{pmatrix} 2.0 \times 2.4 \\ 2.0 \times (-1.8) \\ 2.0 \times 1.2 \end{pmatrix} = \begin{pmatrix} 4.8 \\ -3.6 \\ 2.4 \end{pmatrix}$$

行列のスカラー倍

$$2.0 \times \begin{pmatrix} 2.4 & 3.7 \\ -1.8 & 1.2 \end{pmatrix} = \begin{pmatrix} 2.0 \times 2.4 & 2.0 \times 3.7 \\ 2.0 \times (-1.8) & 2.0 \times 1.2 \end{pmatrix} = \begin{pmatrix} 4.8 & 7.4 \\ -3.6 & 2.4 \end{pmatrix}$$

図 1.12　スカラーや行列の足し算とスカラー倍

　スカラー、ベクトル、行列を変数で表すとき、見た目で区別できるように次のように書き分けることが普通です。

- スカラー：小文字の細字
- ベクトル：小文字の太字
- 行列：大文字

四つの値 a_1, a_2, a_3, a_4 を横に並べたベクトルは $\boldsymbol{a} = (a_1, a_2, a_3, a_4)$、縦横に並べた行列は $A = \begin{pmatrix} a_1 & a_2 \\ a_3 & a_4 \end{pmatrix}$ のように表記します。縦ベクトルは、本来

$\boldsymbol{a} = \begin{pmatrix} a_1 \\ a_2 \\ a_3 \\ a_4 \end{pmatrix}$ のように表記すべきですが、場所を取るので、転置（縦と横を

入れ替える処理）を表す記号 $\top$ を使って $\boldsymbol{a} = (a_1, a_2, a_3, a_4)^\top$ と表すことが多いです。

第2章 音楽データをPythonで読み書きしよう

　本書では、音楽データを分析したり生成したりするプログラムを作っていくわけですが、そのためには、音楽データを読み書きするコードを書く必要があります。読者のなかには、小学校や中学校の音楽の授業で楽譜の読み方がわからず、苦労した方も多いのではないでしょうか。でも安心してください。楽譜にはきちんとルールがあり、そのルールは決して複雑なものではありません。本章では、音楽の基礎知識を簡単に学んだあと、Pythonで音楽データを読み書きするプログラムを作りましょう。

2.1 音楽の基礎知識

2.1.1 音高と音名

　皆さんが一般に耳にする音楽は、楽譜を使って表すことができます。楽譜は、音符が縦横に並んだものです（**図2.1**）。音符は、音の高さ（**音高**）と音の長さ（**音長**）*1という二つのパラメータがあります。演奏するときには、音

図 2.1　楽譜の例。音符が縦横に並んでいる。

---

*1　楽譜上の音長と実際の演奏における音長を区別したいときは、前者を**音価**と呼びますが、本書では気にしなくて構いません。

の強さも関係してきますが、楽譜には表されないか、大まかな指示のみが書いてあるのが普通です。

　音高には、名前が付いています。それを**音名**といいます。「ドレミファソラシド」という言葉は聞いたことがあるでしょう。これが音名です。ピアノなどの鍵盤楽器が手元にあれば、白鍵を左から右へ順番に弾いてみましょう。これが、「ドレミファソラシド」です（**図2.2**）。ちなみに、「ドレミファソラシド」はイタリア語での呼び方をカタカナにしたものです。英語では「CDEFGABC」、日本語では「ハニホヘトイロハ」と言います。

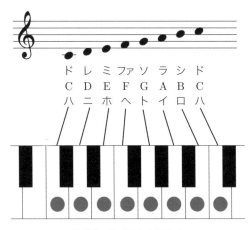

図 2.2　ドレミファソラシド

　鍵盤をよく見ると、「ド」と「レ」の間に黒鍵があるのがわかるでしょう。黒鍵を含めて右に一つずらすことを**シャープ（♯）を付ける**といいます。「ド」と「レ」の間の黒鍵は、「ド」にシャープをつけたものなので「ド♯」といいます。逆に、黒鍵を含めて左に一つずらすことは**フラット（♭）を付ける**といいます。つまり、「ド♯」と「レ♭」は同じ音（**異名同音**といいます）ということになります（**図2.3**）。

　黒鍵を含めて右に一つずらすことを**半音上げる**といいます。同様に、黒鍵を含めて左に一つずらすことは**半音下げる**といいます。「ド♯」や「レ♭」は「ド」に比べて半音一つ分だけ音が高く、「レ」に比べて半音一つ分だけ音が低いということになります。半音二つ分を**全音**といいます。「レ」は「ド」より全音一つ分高く、「ミ」は「レ」より全音一つ分高いといえます。では、「ファ」と「ミ」の関係はどうでしょうか。「ファ」と「ミ」の間には黒鍵がないので、「ファ」は「ミ」より半音一つ分高いということになります。注意してください。

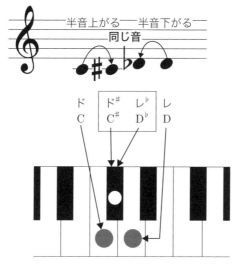

図 2.3 「ド♯」と「レ♭」。「ド」を半音上げたものを「ド♯」、「レ」を半音下げたものを「レ♭」といい、同じ音を表す。

　鍵盤の真ん中付近にある「ド」を鳴らしたとしましょう。そこから（白鍵だけ数えて）七つ右の音を鳴らしてみましょう。これも「ド」の音です。音の高さは明らかに違いますが、音楽的な役割は共通しているため、同じ音名で表します（**図 2.4**）。このように、音名は同じだけど音高が異なる場合、「オ

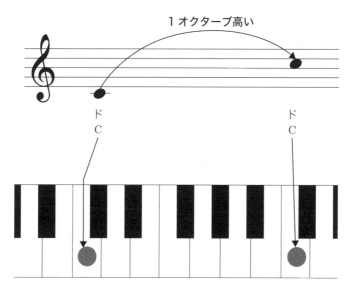

図 2.4 「ド」と 1 オクターブ上の「ド」

クターブが違う」ということがあります。つまり、音高は、音名とオクターブの組み合わせで表すことができます。

2.1.2 音長と拍子

　次は、音の長さについてです。ある基準となる音の長さを考え、その 2^n 倍や $(1/2)^n$ 倍の長さを組み合わせてリズムを作ります（**図 2.5**）。基準となる音の長さを**4分音符**といいます。4分音符の2倍の長さの音符を**2分音符**、1/2 倍の長さの音符を**8分音符**、1/4 倍の長さの音符を**16分音符**といいます。4分音符と8分音符を足した長さの**付点4分音符**というものもあります。4分音符四つ分で一つの小節を構成するとき、**4分の4拍子である**といいます。

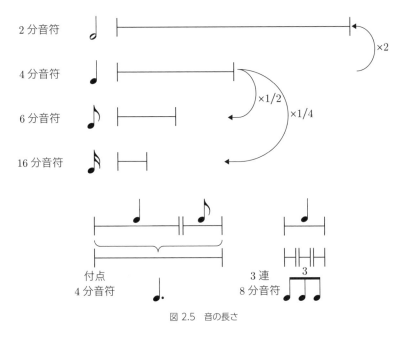

図 2.5　音の長さ

　ある音符を三つに分割した**3連符**というものもあります。普通の8分音符は、4分音符を二つに分割したものですが、3連8分音符は、4分音符を三つに分割したものを表します。

2.2 MIDI とピアノロール

2.2.1 MIDI

　MIDIとは、電子楽器間で演奏情報をリアルタイムにやりとりするための規格です。A 社のキーボードで演奏すると B 社のシンセサイザーでも発音するようにしたいのであれば、A 社のキーボードの MIDI OUT 端子と B 社のシンセサイザーの MIDI IN 端子を MIDI ケーブルでつなぎます。演奏情報の送信先をシンセサイザーではなく PC にすれば、演奏内容を PC に記録することもできます。演奏内容（MIDI データ）を PC 上で記録したり編集するソフトウェアを**MIDI シーケンサ**といいます[*2]。MIDI シーケンサでは、キーボードでの演奏を記録するだけでなく、ゼロから MIDI データを入力することもできます。

　音を鳴らす命令を**ノートオン・メッセージ**といいます。ノートオン・メッセージには、「音の高さ」と「音の強さ」という二つのパラメータがあります。音の高さは、**ノートナンバー**という 0〜127 の整数で表します（**図 2.6**）。これは、ピアノの鍵盤の（黒鍵を含めた）すべてのキーに、左から順番に番号を振ったものです。いわゆる「中央のド」が 60 になるように定められています。音の強さは**ベロシティ**と呼ばれ、こちらも 0〜127 の整数で表されます。

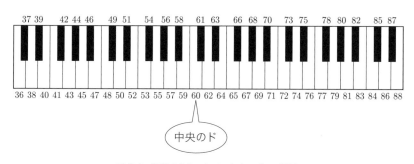

図 2.6　鍵盤の各キーとノートナンバーの関係

　発音を止める命令は**ノートオフ・メッセージ**です。ノートオフ・メッセージでも、発音を止めたい音高をノートナンバーで指定します。ノートオン・

[*2]　MIDI シーケンサの機能とオーディオの録音・加工機能が統合されたソフトウェアは、**Digital Audio Workstation**（DAW）といいます。最近は、単体の MIDI シーケンサよりも DAW の方が主流です。

メッセージのベロシティに対応する**オフ・ベロシティ**というものがありますが、ほとんど使われていません。

　二つのメッセージを送るタイミングを調整するのが**デルタタイム**です。**ティック**（tick）という単位を使います。「4分音符一つ分の長さを 480 ticks とする」のようにあらかじめ決めておきます。そのとき、ノートオン・メッセージを送って 960 ticks 待ってからノートオフ・メッセージを送れば、ちょうど 2 分音符分の長さが発音されることになります。これを複雑に組み合わせれば、**図 2.7** のような演奏を表すことができます。さらに複雑な演奏データになると、ノートオンとノートオフの関係がわかりにくくなるので、複数の**トラック**に分けて記録できるようになっています。トラックとは別に**チャンネル**という概念もありますが、本書では扱いません。

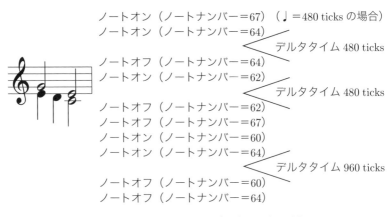

図 2.7　演奏を MIDI メッセージの列として表した例

2.2.2 ピアノロール

　図 2.8 のように、横軸に時刻、縦軸に音高をとり、各音符を棒で表したものを**ピアノロール**といいます。演奏内容を直感的に把握しやすく、棒をマウスでドラッグすることで簡単に演奏内容を編集できるため、MIDI シーケンサでは、演奏内容を閲覧・編集する手段として標準的に使用されています。

2.2.3 ピアノロールを行列として表す

　ピアノロールの横軸をたとえば 8 分音符ごとに区切り、各音高・各時刻において音がある箇所に 1、ない箇所に 0 を埋めていくと、ピアノロールを、1 と 0 を縦横に並べて作った行列に変換することができます（**図 2.9**）。本書で

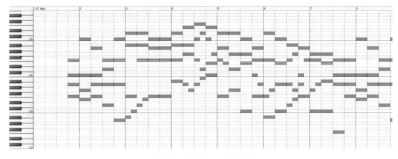

図 2.8　ピアノロールの例

はこれを**ピアノロール2値行列**と呼ぶことにします[3]。通常のピアノロールは、下から上に向かって音が高くなるのに対し、ピアノロール2値行列では、上から下に向かって音が高くなることに注意してください。

図 2.9 に示したピアノロール2値行列に対して、列ごとに分解してみましょう。

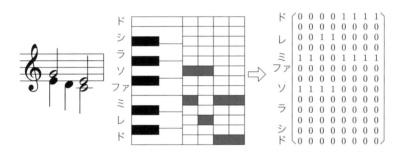

図 2.9　ピアノロールを 1/0 の行列（ピアノロール 2 値行列）に変換した例

---

*3　本書独自の用語です。

$$\boldsymbol{x}_1 = \begin{pmatrix} 0 \\ 0 \\ 0 \\ 0 \\ 1 \\ 0 \\ 1 \\ 0 \\ 0 \\ 0 \\ 0 \\ 0 \end{pmatrix}, \; \boldsymbol{x}_2 = \begin{pmatrix} 0 \\ 0 \\ 0 \\ 0 \\ 1 \\ 0 \\ 1 \\ 0 \\ 0 \\ 0 \\ 0 \\ 0 \end{pmatrix}, \; \boldsymbol{x}_3 = \begin{pmatrix} 0 \\ 0 \\ 1 \\ 0 \\ 0 \\ 0 \\ 1 \\ 0 \\ 0 \\ 0 \\ 0 \\ 0 \end{pmatrix}, \; \ldots, \; \boldsymbol{x}_N = \begin{pmatrix} 1 \\ 0 \\ 0 \\ 0 \\ 1 \\ 0 \\ 0 \\ 0 \\ 0 \\ 0 \\ 0 \\ 0 \end{pmatrix}$$

このように分解すると、$\boldsymbol{x}_n$ は、8 分音符ごとに分割された n 番目の時刻において、どの音高が鳴っているかを表しています。このように、各要素がドレミに対応していて、音がある箇所に 1 を、音がない箇所に 0 を入れたベクトルを**音高ベクトル**と呼ぶことにします[*4]。音高ベクトルは、1 箇所だけ 1 にすることで単音を、複数の箇所を 1 にすることで和音を、すべてを 0 にすることで休符を表すことができます。ここでは「中央のド」から「オクターブ上のド」まで（ノートナンバーでいえば 60〜72）の 13 個の音高を対象としたので、音高ベクトルは 13 次元でしたが、もう少し次元数が高いのが普通です。もしもノートナンバー 0〜127（MIDI で表せるすべて）を対象にするなら 128 次元、36〜83（4 オクターブ分）を対象にするなら 48 次元です。

　ピアノロール 2 値行列は、次の X のように、音高ベクトルを 8 分音符ごとに横に並べたものと考えることができます。

$$X = (\boldsymbol{x}_1, \boldsymbol{x}_2, \boldsymbol{x}_3, \ldots, \boldsymbol{x}_N)$$

本書では、ピアノロール 2 値行列をメロディの数値表現として多用していきます。このようにしてメロディを行列として表す方法は、一つ問題点があります。それは「ドドドド」と「ドーーー」を区別できないことです（**図 2.10**）。これを区別するには、たとえば「新しいド」と「一つ前からの継続のド」を別々の要素で表すなど、要素を追加する必要があります。

---

*4　こちらも本書独自の用語です。

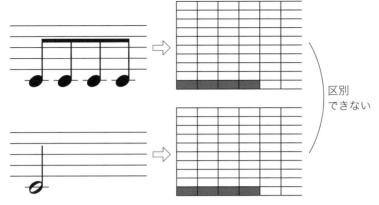

図 2.10 本書で採用するピアノロール 2 値行列の問題点。「ドドドド」と「ドーーー」
が同じ行列になってしまい、区別できない。

2.3 MIDI データを Python で読み書きしよう

2.3.1 MIDI データを準備する

本書では、「Infinite Bach」[*5]というデータベースを用います。これは、バッハ作曲によるコラール（讃美歌）を数百曲、MusicXML 形式と MIDI ファイル形式で用意したものです。コラールは、多くの場合において四声体和声（ソプラノ、アルト、テノール、バス）になっています。このように楽曲の構造（4 パートあって、各パートが単旋律）があらかじめわかっていると、何かと扱いやすいので、こちらのデータベースを使用することにしました。

早速ダウンロードしてみましょう。上述の URL にアクセスし、緑色の[↓ Code] ボタンからダウンロードするためのプルダウンメニューを選ぶことができます。ダウンロードしたら、zip ファイルを展開し、中身を見てみましょう。infinite-bach-master/data/chorales/xml/ に MusicXML ファイルが、infinite-bach-master/data/chorales/midi/ に MIDI ファイルがあることがわかります。MusicXML と MIDI ファイルのどちらを使ってもいいのですが、MIDI ファイルの方が広く普及しており、扱う機会が多いだろうと判断し、MIDI ファイルを用いることにします。

Google Colaboratory からファイルを読み込む方法はいくつかありますが、オススメなのが Google ドライブにファイルを置く方法です。Google ドライブを開き、「マイドライブ」直下に「chorales」というフォルダを作り、

---

*5　https://github.com/jamesrobertlloyd/infinite-bach

その中に「midi」というフォルダを作りましょう。そして、「midi」フォルダの中に、さきほど展開した infinite-bach-master/data/chorales/midi/ の中の MIDI ファイルをすべてアップロードしましょう。

2.3.2 Google Colaboratory を開いて準備をする

　新しい Google Colaboratory ノートブックを開きましょう。開いたらまず、Google ドライブをマウントします[*6]。左端のフォルダアイコンをクリックすると、フォルダツリーが表示されます（**図 2.11**）。一番上に三つ並んでいるアイコンは、左から「アップロード」「リロード」「ドライブをマウント」を意味します。三つ目のアイコンをクリックすると、「このノートブックに Google ドライブの接続を許可しますか」というメッセージが表示されます（**図 2.12**）ので、「Google ドライブに接続」をクリックすると、Google ドライブのマウントをすることができます。フォルダツリーを順に開いていき、**図 2.13** のように drive/MyDrive/chorales/midi/ に .mid ファイルがたくさんあれば成功です。**図 2.13** には関係ないフォルダがいくつかありますが、そちらは気にしないでください。フォルダツリーは、必要なければ閉じて構いません。

図 2.11　Google Colaboratory ノートブックの左端のフォルダアイコンをクリックしたときの画面

[*6]　**マウント**とは、ファイルシステムを計算機に認識させ、使用できる状態にすることをいいます。

図 2.12 「ドライブをマウント」アイコンをクリックしたときの画面

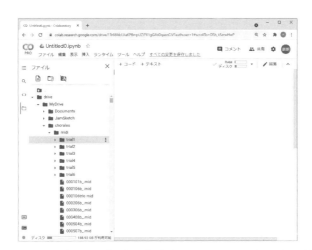

図 2.13 Google ドライブを Google Colaboratory にマウントしたときの画面。フォルダツリーから Google ドライブにあるデータを確認することができる。

MIDI ファイルの読み書きには、PrettyMIDI というライブラリを用います。次のコード（正確にはコマンド）を実行してみましょう。

コード 2.1　PrettyMIDI をインストールする

```
1    !pip install pretty_midi
```

実行結果

「!」から始まる記述は、Python のコードではなくコンピュータが実行するコマンドです。pip は Python のライブラリ管理コマンドで、インストールしたいパッケージ名を指定することで、簡単にライブラリをインストールできます。なお、Google Colaboratory では、ノートブックを開くたびに新しく仮想マシンが割り当てられますので、これは、ノートブックを開くたびに実行する必要があります。

また、MIDI ファイルを再生して音を確認するには、MIDI データをオーディオに変換する必要があります。それを行うのに midi2audio というライブラリと FluidSynth というソフトウェアを使います。midi2audio は pip を使って、FluidSynth は apt を使ってインストールすることができます。

コード 2.2　midi2audio と FluidSynth をインストールする

```
1    !pip install midi2audio
2    !apt install fluidsynth
```

実行結果

▶ ```
!pip install pretty_midi
!pip install midi2audio
!apt install fluidsynth
```

▶ ```
Looking in indexes: https://pypi.org/simple, https://us-python.pkg.dev/colab-wheels/public/simple/
Collecting pretty_midi
  Downloading pretty_midi-0.2.9.tar.gz (5.6 MB)
     |████████████████████████████████| 5.6 MB 11.7 MB/s
Requirement already satisfied: numpy>=1.7.0 in /usr/local/lib/python3.7/dist-packages (from pretty_midi) (1.21.6)
Collecting mido>=1.1.16
  Downloading mido-1.2.10-py2.py3-none-any.whl (51 kB)
     |████████████████████████████████| 51 kB 7.4 MB/s
Requirement already satisfied: six in /usr/local/lib/python3.7/dist-packages (from pretty_midi) (1.15.0)
Building wheels for collected packages: pretty-midi
  Building wheel for pretty-midi (setup.py) ... done
  Created wheel for pretty-midi: filename=pretty_midi-0.2.9-py3-none-any.whl size=5591955 sha256=be4fcf46bdda7ce723cd0da3c08ed9854e
  Stored in directory: /root/.cache/pip/wheels/ad/74/7c/a06473ca8dcb63efb98c1e67667ce39d52100f837835ea18fa
Successfully built pretty-midi
Installing collected packages: mido, pretty-midi
Successfully installed mido-1.2.10 pretty-midi-0.2.9
Looking in indexes: https://pypi.org/simple, https://us-python.pkg.dev/colab-wheels/public/simple/
Collecting midi2audio
  Downloading midi2audio-0.1.1-py2.py3-none-any.whl (8.7 kB)
Installing collected packages: midi2audio
Successfully installed midi2audio-0.1.1
Reading package lists... Done
Building dependency tree
Reading state information... Done
The following package was automatically installed and is no longer required:
  libnvidia-common-460
Use 'apt autoremove' to remove it.
The following additional packages will be installed:
  fluid-soundfont-gm libfluidsynth1 libqt5x11extras5 qsynth
Suggested packages:
  fluid-soundfont-gs timidity jackd
The following NEW packages will be installed:
  fluid-soundfont-gm fluidsynth libfluidsynth1 libqt5x11extras5 qsynth
0 upgraded, 5 newly installed, 0 to remove and 20 not upgraded.
```

2.3.3 試しに MIDI ファイルを一つ読み込んでみる

PrettyMIDI を使って MIDI ファイルを読み込むコードを入力し、ためしに一つの MIDI ファイルを読み込んでみましょう。次のコードを入力します。

コード 2.3　MIDI ファイルを読み込む

```
 1   import pretty_midi
 2
 3   # MIDI データを読み込む
 4   midi = pretty_midi.PrettyMIDI("drive/MyDrive/chorales/
         midi/000101b_.mid")
 5
 6   # 先頭の楽器パートの音符列を取り出す
 7   notes = midi.instruments[0].notes
 8
 9   # 取り出した音符列を画面出力する
10   print(notes)
```

```
import pretty_midi
midi = pretty_midi.PrettyMIDI("drive/MyDrive/chorales/midi/000101b_.mid")
notes = midi.instruments[0].notes
print(notes)

    [Note(start=51.724125, end=53.793090, pitch=65, velocity=96), Note(start=53.793090, end=55.862055, pitch=72,
```

実行結果を注意深く見てみましょう。実行結果には次のように書かれています。

```
[Note(start=51.724125, end=53.793090, pitch=65, velocity=96), ...
```

note には音符という意味がありますので、音符がたくさん詰まった配列なのかな、ということが想像できると思います。PrettyMIDI を使って MIDI ファイルを読み込んで得られたオブジェクトがどんな構造になっているかを見ていきましょう。**図2.14** を見てください。このオブジェクトには、instruments という配列があります。この配列は、Instrument オブジェクトが一つ以上入っており、一つの Instrument オブジェクトが MIDI ファイルの一つのトラックに対応します。Instrument オブジェクトには、notes という配列があり、Note オブジェクトが一つ入っています。一つの Note オブジェクトが

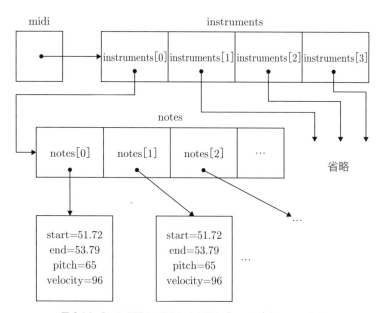

図 2.14　PrettyMIDI で得られる MIDI データオブジェクトの中身

一つの音符に対応します。上のコードは、最初のトラックに入っている全音符の情報をまとめて出力するという処理を行っています。

　PrettyMIDI には便利な機能がいろいろあります。せっかくなので、少し遊んでみましょう。上のコードを実行した後に、その下に新しいコード入力領域を作って、次のコードを実行してみましょう。

コード 2.4　読み込んだ MIDI ファイルのピアノロールを描画する

```
1  import matplotlib.pyplot as plt
2
3  # さきほど読み込んだ MIDI データのピアノロールを取得する
4  pianoroll = midi.get_piano_roll()
5
6  # 取得したピアノロールの一部を描画する
7  plt.matshow(pianoroll[:, 10000:10400])
```

実行結果

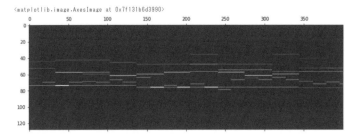

```
[20] import matplotlib.pyplot as plt
     pianoroll = midi.get_piano_roll()
     plt.matshow(pianoroll[:, 10000:10400])

     <matplotlib.image.AxesImage at 0x7f131b6d3990>
```

　上図のように、横棒が何個も描かれた画像が表示されると思います。これは、ピアノロールを描画したものです。横軸が時刻、縦軸が音高を表し[7]、明るい色は音があることを表します。色の明るさに差があると思いますが、これはベロシティ[8]の差が反映されています。複数のトラックで同じ音が重なって鳴るようになっている場合は、そこの部分がその分明るい色で描画されます。

2.3.4　MIDI ファイルを読み込む関数を作成する

　PrettyMIDI を試したところで、後から使いやすいように、MIDI ファイルを読み込んでピアノロール 2 値行列を返す部分を関数にしておきましょう。

---

[7]　ただし、通常のピアノロールと異なり、上から下にいくほど高い音高を表します。
[8]　2.2.1 項で説明した音の強さを表す値。

このとき、**ハ長調またはハ短調への移調**もしておきます。ハ長調、ハ短調というのは、「ド」が土台の音（**主音**）となっている調です。我々が普段聴く音楽には「調」という考え方があり、調ごとに主音が決められています。たとえば、ハ長調の主音は「ド」なのに対し、ト長調の主音は「ソ」、ヘ長調の主音は「ファ」です。これらの音は音楽的には同じ役割を担います。つまり、ハ長調での「ド」とト長調での「ソ」は役割が一緒なのに対し、ハ長調での「ド」とト長調での「ド」は、まるで役割が異なります。そのため、いろいろな調の曲が混じったまま MIDI データを読み込むと、音楽的な役割の異なる音を一緒くたにして分析することになってしまいます。これを避けるために、MIDI データを読み込む段階で、主音が「ド」になるように音高をずらす処理を行います。

Google Colaboratory に次のコードを入力して実行しましょう（関数定義の読み込みなので、実行しても何も表示されません）。

コード 2.5　MIDI ファイルを読み込む関数を定義する

```
1   import pretty_midi
2   import numpy as np
3
4   # 例外オブジェクトを作るためのクラスを定義
5   # 読み込んだ MIDI ファイルが本書が定める条件に合わない場合に
6   # このクラスによって定義される例外が投げられる
7   class UnsupportedMidiFileException(Exception):
8     "Unsupported MIDI File"
9
10  # 与えられた MIDI データをハ長調またはハ短調に移調
11  # key_number: 調を表す整数（0-11: 長調、12-23: 短調）
12  def transpose_to_c(midi, key_number):
13    for instr in midi.instruments:
14      if not instr.is_drum:
15        for note in instr.notes:
16          note.pitch -= key_number % 12
17
18  # 与えられた MIDI データからピアノロール 2 値行列を取得
19  # nn_from: 音高の下限値（この値を含む）
20  # nn_thru: 音高の上限値（この値を含まない）
21  # seqlen: 読み込む長さ（時間軸方向の要素数、八分音符単位）
22  # tempo: テンポ
23  def get_pianoroll(midi, nn_from, nn_thru, seqlen, tempo):
24    pianoroll = midi.get_piano_roll(fs=2*tempo/60)
25    if pianoroll.shape[1] < seqlen:
```

```
26        raise UnsupportedMidiFileException
27    pianoroll = pianoroll[nn_from:nn_thru, 0:seqlen]
28    pianoroll = np.heaviside(pianoroll, 0)
29    return np.transpose(pianoroll)
30
31  # 指定された MIDI ファイルを読み込んでピアノロール 2 値行列を返却
32  # filename: 読み込むファイル名
33  # sop_alto: ソプラノパートとアルトパートを
34  #             別々に読み込む場合に True
35  # seqlen: 読み込む長さ（時間軸方向の要素数、八分音符単位）
36  def read_midi(filename, sop_alto, seqlen):
37      # MIDI ファイルを読み込む
38      midi = pretty_midi.PrettyMIDI(filename)
39      # 途中で転調がある場合は対象外として例外を投げる
40      if len(midi.key_signature_changes) != 1:
41          raise UnsupportedMidiFileException
42      # ハ長調またはハ短調に移調する
43      key_number = midi.key_signature_changes[0].key_number
44      transpose_to_c(midi, key_number)
45      # 長調 (keymode=0) か短調 (keynode=1) かを取得する
46      keymode = np.array([int(key_number / 12)])
47      # 途中でテンポが変わる場合は対象外として例外を投げる
48      tempo_time, tempo = midi.get_tempo_changes()
49      if len(tempo) != 1:
50          raise UnsupportedMidiFileException
51      if sop_alto:
52          # パート数が 2 未満の場合は対象外として例外を投げる
53          if len(midi.instruments) < 2:
54              raise UnsupportedMidiFileException
55          # ソプラノ (1 パート目) とアルト (2 パート目) のそれぞれに対して
56          # ピアノロール 2 値行列を取得する
57          pr_s = get_pianoroll(midi.instruments[0], 36, 84,
58                               seqlen, tempo[0])
59          pr_a = get_pianoroll(midi.instruments[1], 36, 84,
60                               seqlen, tempo[0])
61          return pr_s, pr_a, keymode
62      else:
63          # 全パートを一つにしたピアノロールを取得する
64          pr = get_pianoroll(midi, 36, 84, seqlen, tempo[0])
65          return pr, keymode
```

このコードの意味を簡単に説明しておきます。

- 7〜8 行目：

```
class UnsupportedMidiFileException(Exception):
  "Unsupported MIDI File"
```

`UnsupportedMidiFileException` という名前の例外を定義していま
す。例外というのは、関数実行中に何か困ったことがおきたら、処
理をその関数の呼び出し側に戻すという機能です。

- 12〜16 行目：

```
def transpose_to_c(midi, key_number):
  for instr in midi.instruments:
    if not instr.is_drum:
      for note in instr.notes:
        note.pitch -= key_number % 12
```

与えられた MIDI データをハ長調またはハ短調に移調する関数です。上
で述べたように、ハ長調（主音：ド）とヘ長調（主音：ファ）とト長
調（主音：ソ）では、同じ「ド」でも音楽的な役割が異なります。そ
こで、音楽的な役割が異なる音を一緒くたにするのを避けるため、主
音が「ド」になるように MIDI データの音高をずらしています。
`key_number` には、調を表す整数が与えられます。ハ長調（主音：ド）
なら 0 で、主音が半音高くなるにしたがってこの値が 1 増えていきま
す。音名は 12 種類ですので、長調を表す整数は 0 から 11 までです。
同様に、12〜23 が短調を表します。そのため、`key_number` を 12
で割った余りを求めることで主音を求めることができ、その値をすべ
ての音符の音高から引き算することで、主音が「ド」になるように音
高をずらす処理を実現しています。

- 23〜29 行目：

```
def get_pianoroll(midi, nn_from, nn_thru, seqlen, tempo):
  pianoroll = midi.get_piano_roll(fs=2*tempo/60)
  if pianoroll.shape[1] < seqlen:
    raise UnsupportedMidiFileException
  pianoroll = pianoroll[nn_from:nn_thru, 0:seqlen]
  pianoroll = np.heaviside(pianoroll, 0)
  return np.transpose(pianoroll)
```

読み込んだ MIDI データからピアノロール 2 値行列（例：**図 2.9**）を求めて返します。この行列は列が時刻、行が音高を表し、その時刻・音高に音があるときは「1」、音がないときは「0」を取ります。PrettyMIDI には `get_piano_roll` というメソッドが用意されているので、これを利用してピアノロールを求めます（24 行目）。このメソッドが返すのは、各列が時刻、各行が音高を表す行列です。時間軸方向に何要素抽出するか（ここでは「長さ」と呼びます）は引数 `seqlen` で与えられますが、得られたピアノロールの長さがそれに満たない場合は、例外を投げてこの関数から抜け出します（25〜26 行目）。その後、指定された音域（`nn_from` から `nn_thru`[*9]）、指定された長さの分を抽出します（27 行目）。28 行目では、2 値行列に変換しています。これは、PrettyMIDI の `get_piano_roll` メソッドで得られるのは、各要素がヴェロシティを表しており、2 値（1/0）ではないからです。そのため、0 より大きければ 1 に、0 なら 0 になるように変換をしています。最後に、転置して返しています（29 行目）。

- 36 行目：

```
def read_midi(filename, sop_alto, seqlen):
```

`read_midi` 関数の定義の始まりです。引数 `sop_alto` は、ソプラノ（1 パート目）とアルト（2 パート目）を別々のピアノロール 2 値行列として取得するかどうかを指定します。第 4 章では、ソプラノパートのメロディを入力とし、それに合うアルトパートを付与するというお題を扱いますので、そのときにはここを True にします。False の場合は、全パートを一つにしたピアノロールを出力します。

- 38〜41 行目：

```
midi = pretty_midi.PrettyMIDI(filename)
if len(midi.key_signature_changes) != 1:
  raise UnsupportedMidiFileException
```

与えられたファイル名の MIDI ファイルを読み込みます。転調（楽曲の途中で調が変わること）があると話がややこしくなるので、転調がある MIDI ファイルは使わないことにします。転調があると `key_signature_changes` という配列に二つ以上の要素が入りますので、そういう場合

[*9]　範囲を指定する際は、半開区間を用いることにご注意ください。つまり、$a{:}b$ は a 以上 b 未満の整数です。

に、さきほど定義した UnsupportedMidiFileException という例外を投げます。

- 43〜44 行目：

```
key_number = midi.key_signature_changes[0].key_number
transpose_to_c(midi, key_number)
```

上で定義した transpose_to_c 関数を呼び出して、ハ長調またはハ短調に移調しています。

- 46 行目：

```
keymode = np.array([int(key_number / 12)])
```

上で述べたように、key_number には長調のときに 0〜11、短調のときに 12〜23 が入っていますので、12 で割って整数に変換することで、長調なら 0、短調なら 1 の値を求めて keymode に代入しています。

- 48〜50 行目：

```
tempo_time, tempo = midi.get_tempo_changes()
if len(tempo) != 1:
  raise UnsupportedMidiFileException
```

本書では簡単のためテンポが途中で変わる MIDI ファイルは対象外としています。これは、テンポが途中で変わると、ピアノロールを取得する際の時刻の指定が複雑になるからです。そこで、テンポの指定が複数ある場合に UnsupportedMidiFileException を投げます。

- 51〜65 行目：

```
if sop_alto:
  if len(midi.instruments) < 2:
    raise UnsupportedMidiFileException
  pr_s = get_pianoroll(midi.instruments[0], 36, 84,
                       seqlen, tempo[0])
  pr_a = get_pianoroll(midi.instruments[1], 36, 84,
                       seqlen, tempo[0])
  return pr_s, pr_a, keymode
else:
  pr = get_pianoroll(midi, 36, 84, seqlen, tempo[0])
  return pr, keymode
```

sop_alto が True のときは、ソプラノパートとアルトパートのそれぞれに対してピアノロール 2 値行列を求めます。これは、第 4 章と第

5章で用います。False のときは、全パートを一緒くたにしたピアノロール 2 値行列を一つ作ります。これは、第 6 章と第 7 章で用います。これらを返すときは key mode（長調なら 1、短調なら 0）も一緒に返します。これは、第 3 章で用います。

　上のコードは第 3 章以降で使いますので、コピー＆ペーストできるように消さないようにしましょう。

　次に、drive/MyDrive/chorales/midi/ にある MIDI ファイルをどんどん読み込んで、ピアノロールを描画するコードを書いてみましょう。コード 2.6 を実行すると、各 MIDI ファイルを読み込んで冒頭 8 小節分のピアノロールを表示するはずです。

コード 2.6　MIDI ファイルを次々と読み込んでピアノロールを描画する

```
1  import glob
2  import matplotlib.pyplot as plt
3  import numpy as np
4
5  dir = "drive/MyDrive/chorales/midi/"
6  for f in glob.glob(dir + "/*.mid"):
7    try:
8      print(f)
9      pianoroll, keymode = read_midi(f, False, 64)
10     plt.matshow(np.transpose(pianoroll))
11     plt.show()
12   except UnsupportedMidiFileException:
13     print("skip")
```

```
import glob
import matplotlib.pyplot as plt
import numpy as np

dir = "drive/MyDrive/chorales/midi/"
files = []
for f in glob.glob(dir + "/*.mid"):
  try:
    print(f)
    pianoroll, keymode = read_midi(f, False, 64)
    plt.matshow(np.transpose(pianoroll))
    plt.show()
  except UnsupportedMidiFileException:
    print("skip")
```

drive/MyDrive/chorales/midi/014608b_.mid

drive/MyDrive/chorales/midi/011106b_.mid

2.3.5 MIDI データを書き出す関数も作成する

今度は、ピアノロール 2 値行列を与えたら MIDI ファイルとして保存する
関数を作りましょう。第 4 章以降では、ハモリパートやメロディをニューラ
ルネットワークによって生成します。その生成結果を耳で確認するときに必
要です。次のコードを書いて実行しましょう。make_midi という名前の関
数が読み込まれます。

コード 2.7　MIDI データを書き出す関数を定義する

```
1   import pretty_midi
2
3   # 与えられたピアノロール 2 値行列から MIDI データを生成し、
4   # ファイルに保存
5   # pianorolls: ピアノロール 2 値行列（複数可）を格納した配列
6   # filename: 保存する際のファイル名
```

```
7   def make_midi(pianorolls, filename):
8     midi = pretty_midi.PrettyMIDI(resolution=480)
9     for pianoroll in pianorolls:
10      instr = pretty_midi.Instrument(program=1)
11      for i in range(pianoroll.shape[0]):
12        for j in range(pianoroll.shape[1]):
13          # ピアノロール 2 値行列の各要素の値が 0.5 より大きいときに、
14          # その時刻にその音高の音を挿入する
15          if pianoroll[i][j] > 0.5:
16            instr.notes.append(pretty_midi.Note(
17              start=0.50*i, end=0.50*(i+1),
18              pitch=36+j, velocity=100))
19      midi.instruments.append(instr)
20    midi.write(filename)
```

次に、この関数を使って MIDI データを書き出すだけでなく、書き出された MIDI データを再生したりピアノロール形式で描画できる関数を作りましょう。次のコードを実行します。

コード 2.8　MIDI データを再生してピアノロールを描画する関数を定義する

```
1   import matplotlib.pyplot as plt
2   import IPython.display as ipd
3   import pretty_midi
4   from midi2audio import FluidSynth
5
6   # 与えられたピアノロール 2 値行列から MIDI データを作るのに加え、
7   # ピアノロール 2 値行列を描画したり、再生できるようにする
8   def show_and_play_midi(pianorolls, filename):
9     # ピアノロール 2 値行列を描画する
10    for pr in pianorolls:
11      plt.matshow(np.transpose(pr))
12      plt.show()
13    # MIDI データを生成してファイルに保存する
14    make_midi(pianorolls, filename)
15    # MIDI データを wav に変換してブラウザ上で聴けるようにする
16    fs = FluidSynth(
17      sound_font="/usr/share/sounds/sf2/FluidR3_GM.sf2")
18    fs.midi_to_audio(filename, "output.wav")
19    ipd.display(ipd.Audio("output.wav"))
```

これで必要な関数が揃いましたので、適当な MIDI ファイルを読み込んでソプラノパートおよびアルトパートのピアノロール 2 値行列を取得して、そのまま MIDI ファイルとして保存し、それを読み込んで再生および描画する、というのを試してみましょう。

コード 2.9　read_midi 関数と show_and_play_midi 関数を使ってみる

```
1    filename = "drive/MyDrive/chorales/midi/011106b_.mid"
2    sop, alto, keymode = read_midi(filename, True, 64)
3    show_and_play_midi([sop, alto], "output.mid")
```

実行結果

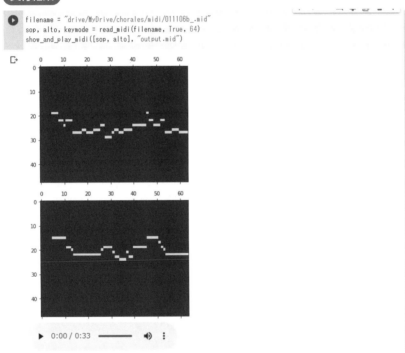

　二つのピアノロールと一つの再生ボタンが表示されます。ピアノロールは、上がソプラノパート、下がアルトパートです（ソプラノパート、アルトパートについては、次章で詳しく解説します）。ボタンを押して再生してみましょう。
　次章以降では、これらの関数を使って処理を進めていきます。

2.4 本章のまとめ

本章では、次の事柄を学びました。

- 楽曲は**音符**が並んだものとして表すことができ、音符には**音高**、**音長**という二つのパラメータがある。
- **MIDI**では音高は**ノートナンバー**という 0〜127 の整数で表される。
- 横軸に時刻、縦軸に音高をとり、各音符を棒で表した視覚表現を**ピアノロール**という。本書では、ピアノロールを 1/0 の行列に変換した**ピアノロール2値行列**を頻繁に用いる。
- MIDI ファイルは、PrettyMIDI というライブラリーを使うことで、簡単に Python で読み書きできる。

次章からは、いよいよ音楽データを対象とした機械学習を学んでいきましょう。

Column　もう一つのデータ形式「MusicXML」

　本文でも少しだけ触れましたが、演奏内容をデータとして表現する形式として、MIDI のほかに **MusicXML** というものがあります。MIDI は、電子楽器で演奏した内容をそっくりそのまま記録することを目的としているのに対し、MusicXML は、我々が普段使っている楽譜を XML 化したものです。そのため、電子楽譜の流通現場で、よく使われています。

　図 2.9 の楽譜を MusicXML として表したものを以下に示します。詳細は省略しますが、楽譜と比較していくと、一つの音符が note 要素で表され、そのなかに音高や音長の情報が記述されていることがわかると思います。

　MusicXML ファイルを読み書きするソフトウェアにはいろいろなものがありますが、オープンソースの **MuseScore** が有名です。MuseScore はソフトウェアの開発・公開だけでなく、MusicXML 形式の楽譜データの共有サイトも運営しています (https://musescore.com/sheetmusic)。クラシック音楽を中心に、多くの楽譜がアップロードされていますので、いろいろと探してみてください。

　MusicXML ファイルを Python で読み書きするライブラリとして、**music21** が有名です。オフィシャル Web サイト (http://web.mit.edu/music21/)

にはチュートリアルもありますので、MusicXML ファイルを用いる場合は、ぜ
ひ参考にしてください。

XML ファイルの例

```xml
<?xml version="1.0" encoding="UTF-8"?>
<!DOCTYPE score-partwise PUBLIC
  "-//Recordare//DTD MusicXML 3.1 Partwise//EN"
  "http://www.musicxml.org/dtds/partwise.dtd">
<score-partwise>
  <part-list>
    <score-part id="P1">
      <part-name></part-name>
    </score-part>
  </part-list>
  <part id="P1">
    <measure number="1">
      <attributes>
        <divisions>1</divisions>
      </attributes>
      <note>
        <pitch>
          <step>G</step>
          <octave>4</octave>
          </pitch>
        <duration>2</duration>
        <voice>1</voice>
        <type>half</type>
        <stem>up</stem>
        </note>
      <note>
        <pitch>
          <step>E</step>
          <octave>4</octave>
          </pitch>
        <duration>2</duration>
        <voice>1</voice>
        <type>half</type>
        <stem>up</stem>
        </note>
        （省略）
      <barline />
    </measure>
  </part>
</score-partwise>
```

第3章 長調・短調判定で学ぶ多層パーセプトロン

音楽を生成するディープラーニングの実現に向け、本章で取り上げるのは、多層パーセプトロンを用いた長調・短調判定です。一般に、長調の曲は明るい印象、短調の曲は暗い（悲しげな）印象を与えるといわれています。メロディを聴いて長調か短調かがわかるというのは、「音楽がわかるコンピュータ」の第一歩ということができるでしょう。

本章で取り上げる多層パーセプトロンは、ディープラーニングの基礎中の基礎ということができます。実際、多層パーセプトロンに含まれる「層」を何層にも重ねて深くしたものが、ディープニューラルネットワークです。長調・短調判定を行うニューラルネットワークを作ることで、ディープラーニングをマスターする第一歩を踏み出しましょう。

3.1 本章のお題：メロディが長調か短調か判定する

本章で作成するのは、メロディが与えられ、それが長調か短調かを判定するプログラムです。ニューラルネットワークを作るには、入力も出力も数値データになっている必要があります。ですので、入力と出力をどんな数値データにするのかを考えましょう。入力はメロディですので、**ピアノロール2値行列**を使うのがよさそうです。出力は長調か短調かの2択ですので、長調なら0、短調なら1が出力されるということにします（**図3.1**）。

3.2 どう解くか：長調・短調が何者かを考える

そもそも「長調」「短調」とは何なのでしょうか。「長調は明るい印象」「短調は悲しげな印象」などのように説明されるので、何やら主観的で数値化できないことのように思われるかもしれませんが、実は全然そんなことはあり

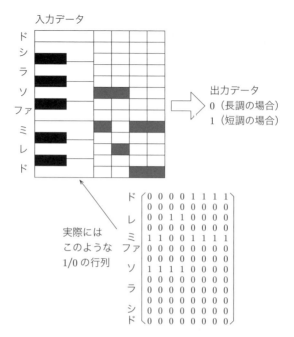

図 3.1　長調・短調判定の入力と出力。入力はピアノロール 2 値行列、出力は長調なら 0、短調なら 1 とする。

ません。

　ハ長調とハ短調の音階を**図 3.2** に示します。ピアノなどの鍵盤楽器をお持ちの方は、音階を低い音から順番に弾いてみてください。ハ長調の音階は明るい感じに、ハ短調の音階は悲しげな音階に聞こえてはこないでしょうか。そうなんです。ハ長調の音階に含まれている音を使ってメロディを作れば「長調の

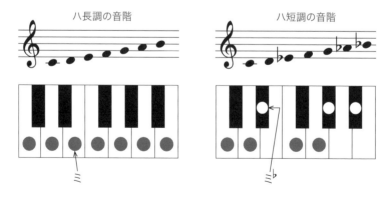

図 3.2　ハ長調の音階とハ短調の音階。ハ長調では「ミ」が使われるがハ短調では「ミ♭」が使われる点が大きく異なる。

メロディ」に、ハ短調の音階に含まれている音を使ってメロディを作れば「短調のメロディ」になるのです。決して、数値化できない事柄ではないのです。

では、ハ長調の音階とハ短調の音階で何が違うのでしょうか。決定的に違うのは、**ハ短調では「ミ」の代わりに「ミ♭」が使われている**ということです[*1]。

図 3.3 を見てください。これは、あるハ長調の楽曲における各音名の出現割合と、あるハ短調の楽曲における各音名の出現割合を比較したものです。ハ長調（左）は「ミ」（E）の出現割合が 23% ぐらいあるのに対し、ハ短調（右）は「ミ」（E）の出現割合がほぼ 0 で、その代わり「ミ♭」（レ♯、D♯）の出現割合が 12% ぐらいになっていることがわかります。

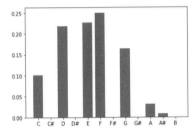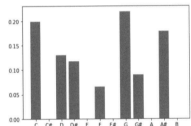

図 3.3　あるハ長調の楽曲における各音名の出現割合（左）と、あるハ短調の楽曲における各音名の出現割合（右）

このように、各音名の出現割合に長調・短調の違いがハッキリ出るのであれば、ピアノロール 2 値行列から各音名の出現割合を求め、これをニューラルネットワークの入力にすれば、ニューラルネットワークを単純化できそうです（**図 3.4**）。音名は 12 種類あるので、各音名の出現割合は **12 次元ベクトル**で表すことができます。というわけで、ニューラルネットワークに入力するのは、この 12 次元ベクトルということにしましょう。このように、与えられたデータからその特徴を表す値をいくつか求めて入力データを単純化することを**特徴抽出**といいます。特徴抽出により得られた値を**特徴量**、特徴量を複数並べてできるベクトルを**特徴ベクトル**といいます。

というわけで、入力と出力が次のように決まりました。

- 入力：各音名の出現割合（12 次元ベクトル）
- 出力：0（長調）または 1（短調）

[*1]　その他、「ラ」「シ」も代わりに「ラ♭」「シ♭」が使われますが、「ラ」「シ」の場合は♭がつかないものがそのまま使われることもあります。

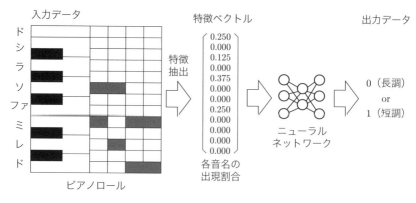

図 3.4 入力データを直接ニューラルネットワークに入力せずに、特徴ベクトルに変換してから入力することで、ニューラルネットワークを単純化することができる。

3.3 ざっくり学ぼう：多層パーセプトロン

3.3.1 単純パーセプトロン

多層パーセプトロンの話の前に、その元となった**単純パーセプトロン**の話をしましょう。単純パーセプトロンは、ニューラルネットワークの最も基本的な形です。

今回入力されるのが 12 次元ベクトルなので、$x_1, x_2, \ldots, x_{12}$ の 12 個の値が入力されると考えることができます。これらに対して、

$$y = b + w_1 x_1 + w_2 x_2 + \cdots + w_{12} x_{12}$$

という式を考えてみましょう。この式を**図 3.5** に基づいて読み解いてみましょう。x_1 から x_{12} がそれぞれ左の○に入っているものとします（「○」を**ノード**と呼びます）。その後、それぞれの値が右の○に伝わりますが、このとき、どのぐらい伝わるかが異なります。伝わる割合を $w_1, w_2, \ldots, w_{12}$ と書くことにします。右の○にはいろいろなところから値が入ってくるので、それをすべて足します。ついでに定数 b も入ってくるので、それも足します。最後にその値を出力して y に代入します。上の式はこんなふうに解釈することができます。

この式を今回のお題である長調と短調の識別に使えるでしょうか。答えは No です。なぜなら、今回のお題では出力は必ず 0 か 1 のどちらかとしたからです。そこで、計算結果をそのまま出力するのではなく、0 か 1 に値が近

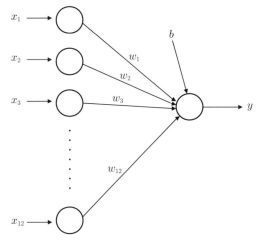

図 3.5　$y = b + w_1 x_1 + w_2 x_2 + \cdots + w_{12} x_{12}$ を図示したもの

づくような変換を行ってから出力することにします。具体的には、**シグモイド関数** $s(\ )$ を使って

$$y = s(b + w_1 x_1 + w_2 x_2 + \cdots + w_{12} x_{12})$$

という式にします（**図 3.6**）。

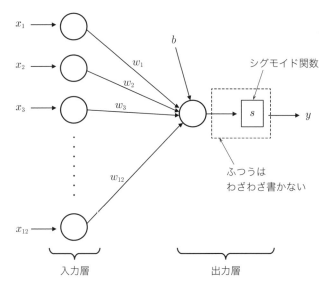

図 3.6　単純パーセプトロン。$b + w_1 x_1 + w_2 x_2 + \cdots + w_{12} x_{12}$ を計算した後にシグモイド関数 s を使って変換してから出力する。

シグモイド関数をグラフにすると、**図 3.7** のようになっています。シグモイド関数に入ってくる値が高いほど 1 に近く、低いほど 0 に近い値が出力されます[*2]。

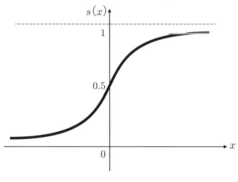

図 3.7　シグモイド関数

$x_1, \ldots, x_{12}$ が入力される左側のノードをまとめて**入力層**、それらの値が伝達されて y の値を計算するノードを**出力層**といいます。**図 3.6** のように入力層と出力層が直接つながっているものを**単純パーセプトロン**といいます。

3.3.2 多層パーセプトロン

単純パーセプトロンには、入力と出力の関係が複雑なときに、その複雑な関係をうまく式で表せないという欠点があります。そこで、単純パーセプトロンを複数つなぐということを行います。**図 3.8** を見てください。$z_1, \ldots, z_h$ という変数が増えています。

$$z_i = s(b_i + w_{1,i}x_1 + w_{2,i}x_2 + \cdots + w_{12,i}x_{12})$$

という式を使って、$x_1, \ldots, x_{12}$ から $z_1, \ldots, z_h$ を求めてから、

$$y = s(a + v_1 z_1 + v_2 z_2 + \cdots + v_h z_h)$$

という式を使って y を求めます。このように、入力層から別の変数（**中間層**といいます）を経由して出力層を計算するモデルを**多層パーセプトロン**といいます。ちょっとややこしいように見えるかもしれませんが、上で説明した単純パーセプトロンを複数用意してつないだだけにすぎません。

---

*2　ちなみに、シグモイド関数は

$$s(x) = \frac{1}{1 + e^{-x}}$$

という式ですが、これは覚える必要はありません。

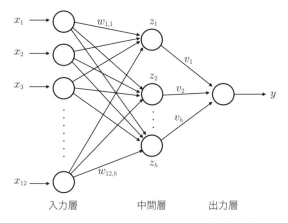

図 3.8　入力層から中間層を経て出力層に接続されたモデル（**多層パーセプトロン**）。図 3.6 にあったシグモイド関数 s と定数項 b は省略した。

3.3.3 ディープニューラルネットワーク

　前節で紹介した多層パーセプトロンは中間層が 1 層でしたが、中間層をさらに挿入することも可能です。中間層をいくつも挿入して「深い」構造を実現したニューラルネットワークが、**ディープニューラルネットワーク**と呼ばれているものです。そして、ディープニューラルネットワークを学習することで、**ディープラーニング**（**深層学習**）が行われます。

　従来、ニューラルネットワークの層を増やしても、それを適切に学習するのは困難でした。しかし、近年のさまざまな工夫により、これが克服されており、かなり層が深いネットワークが多く用いられます。とはいえ、その基本的な構造は、多層パーセプトロンと変わりありません。本章で学ぶ多層パーセプトロンの知識は、そのままディープラーニングで活かすことが可能です。

Column　なぜシグモイド関数を使うのか

　本文では、出力が 0 または 1 に近づくように、$b+w_1x_1+w_2x_2+\cdots+w_{12}x_{12}$ をそのまま出力するのではなく、**シグモイド関数**（**図 3.9** 左）を使って変換してから出力するといいました。しかし、なぜシグモイド関数なのでしょうか。グラフを見ると、x は結構大きくならないと $s(x)$ は 1 に近づきませんし、x が負の方向にかなり進まないと $s(x)$ は 0 に近づきません。だったら、**図 3.9** の右のグラフのような**階段関数**

$$s(x) = \begin{cases} 1 & (x \geq 0) \\ 0 & (x < 0) \end{cases}$$

を使った方が、確実に 0 または 1 に変換できるので便利ではないでしょうか。

　結論からいうと、階段関数は微分できない（正確にいうと、$x=0$ のところで微分できず、それ以外のところでは微分した結果が 0 になる）のが問題なのです。若干難しい話になってしまいますが、損失関数が最小になるパラメータを探すとき、損失関数の式を微分して 0 になるようにパラメータをグリグリ動かすということをしています。高校数学で微分積分を勉強した人は、関数の最小値を求めるときに「微分して 0 とおいてできた方程式を解く」というのを学んだと思います。まさに、それをコンピュータが行います。なので、微分できなかったり、微分した結果が常に 0 になるような関数は困ってしまうのです。そこで、その代わりとしてシグモイド関数を使っているのです。

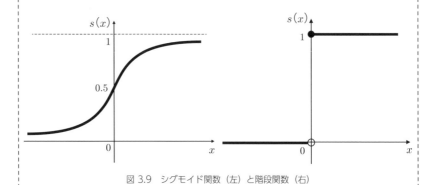

図 3.9　シグモイド関数（左）と階段関数（右）

コードを書いて試してみよう

Google Colaboratory を開いて準備をする

　長調・短調を判定するニューラルネットワークを Google Colaboratory 上
で作っていきます。まず、新しい Google Colaboratory ノートブックを開き
ましょう。第 2 章で行ったように、我々が読み込む MIDI ファイルが Google
ドライブにあるので、Google ドライブを Google Colaboratory にマウン
トしましょう。Google Colaboratory の左側にあるフォルダのアイコンを
クリックすると、フォルダツリーが表示されます。その上に Google ドライ
ブをマウントするボタンがあるので、それを押しましょう。

　次に、MIDI ファイルの読み書きに、第 2 章と同じく PrettyMIDI を使いま
す。また、MIDI データをオーディオに変換して再生するのに、midi2audio
と FluidSynth を使います。Google Colaboratory 内にインストールしま
しょう。

コード 3.1　PrettyMIDI、midi2audio、FluidSynth をインストールする

```
1   !pip install pretty_midi
2   !pip install midi2audio
3   !apt install fluidsynth
```

```
!pip install pretty_midi
!pip install midi2audio
!apt install fluidsynth
```

```
Looking in indexes: https://pypi.org/simple, https://us-python.pkg.dev/colab-wheels/public/simple/
Collecting pretty_midi
  Downloading pretty_midi-0.2.9.tar.gz (5.6 MB)
     |████████████████████████████████| 5.6 MB 11.7 MB/s
Requirement already satisfied: numpy>=1.7.0 in /usr/local/lib/python3.7/dist-packages (from pretty_midi) (1.21.6)
Collecting mido>=1.1.16
  Downloading mido-1.2.10-py2.py3-none-any.whl (51 kB)
     |████████████████████████████████| 51 kB 7.4 MB/s
Requirement already satisfied: six in /usr/local/lib/python3.7/dist-packages (from pretty_midi) (1.15.0)
Building wheels for collected packages: pretty-midi
  Building wheel for pretty-midi (setup.py) ... done
  Created wheel for pretty-midi: filename=pretty_midi-0.2.9-py3-none-any.whl size=5591955 sha256=be4fcf46bdda7ce723cd0da3c08ed9854e
  Stored in directory: /root/.cache/pip/wheels/ad/74/7c/a06473ca8dcb63efb98c1e67667ce39d52100f837835ea18fa
Successfully built pretty-midi
Installing collected packages: mido, pretty-midi
Successfully installed mido-1.2.10 pretty-midi-0.2.9
Looking in indexes: https://pypi.org/simple, https://us-python.pkg.dev/colab-wheels/public/simple/
Collecting midi2audio
  Downloading midi2audio-0.1.1-py2.py3-none-any.whl (8.7 kB)
Installing collected packages: midi2audio
Successfully installed midi2audio-0.1.1
Reading package lists... Done
Building dependency tree
Reading state information... Done
The following package was automatically installed and is no longer required:
  libnvidia-common-460
Use 'apt autoremove' to remove it.
The following additional packages will be installed:
  fluid-soundfont-gm libfluidsynth1 libqt5x11extras5 qsynth
Suggested packages:
  fluid-soundfont-gs timidity jackd
The following NEW packages will be installed:
  fluid-soundfont-gm fluidsynth libfluidsynth1 libqt5x11extras5 qsynth
0 upgraded, 5 newly installed, 0 to remove and 20 not upgraded.
```

3.4.2 MIDI データを読み込むコードをコピーする

2.3.4 項 で 作 成 し た UnsupportedMidiFileException クラス、
transpose_to_c 関数、get_pianoroll 関数、read_midi 関数をその
まま使います。すでに入力済みだと思いますので、コード 2.5 をそのままコ
ピー&ペーストしましょう。

3.4.3 入力データと出力データの形を整える

今回作るプログラムでは、入力を各音名の出現割合（12 次元ベクトル）、
出力を 0（長調）／ 1（短調）に決めました。そこで、これらの入力データと
出力データを求める関数を作りましょう。

コード 3.2　入力データと出力データを求める関数を定義する

```
1   # 入力データ（12 次元ベクトル）、出力データ（0:長調、1:短調）を作成する
2   # pianoroll: ピアノロール 2 値行列
3   # keymode: 長調・短調を表す整数（0:長調、1:短調）
4   def calc_xy(pianoroll, keymode):
5       # 12 次元ベクトルを作って 0 で初期化する
6       x = np.zeros(12)
```

```
7      # i 番目のオクターブに関して、各音名の出現回数を計算し、x に足し算
8      # これをくりかえし、オクターブを区別しない各音名の出現回数を計算
9      for i in range(int(pianoroll.shape[1] / 12)):
10       x += np.sum(pianoroll[:, i*12 : (i+1)*12], axis=0)
11     # x の合計値が 1.0 になるように正規化
12     if np.max(x) > 0:
13       x = x / np.sum(x)
14     y = keymode
15     return x, y
```

ピアノロール2値行列には、音が鳴る箇所に1が入っていますので、音名ごとに値をどんどん足していくことで12次元ベクトル x を作っています。その後、割合になるように x の総和で割っています。y は keymode（長調なら0、短調なら1が渡されます）をそのまま代入しています。最後に、x と y を返しています。

3.4.4 すべての MIDI ファイルを読み込んで、データを配列に格納する

　任意の MIDI ファイルを読み込んで入力データ（各音名の出現割合）と出力データ（長調なら「0」、短調なら「1」）の組を作れるようになりましたので、すべての MIDI ファイルを読み込んで得られたデータをどんどん配列に格納していきます。次のコードを入力・実行します。画面には読み込んだ MIDI ファイルへのパスが次々と出力されます。

コード3.3　MIDI ファイルを読み込んでデータを配列に格納する

```
1    import glob
2
3    # MIDI ファイルを保存してあるフォルダへのパス
4    dir = "drive/MyDrive/chorales/midi/"
5
6    x_all = []    # 入力データを格納する配列
7    y_all = []    # 出力データを格納する配列
8    files = []    # 読み込んだ MIDI ファイルのファイル名を格納する配列
9
10   # 指定されたフォルダにある全 MIDI ファイルに対して
11   # 次の処理を繰り返す
12   for f in glob.glob(dir + "/*.mid"):
13     print(f)
14     try:
```

```
15      # MIDI ファイルを読み込む
16      # pr_s：ソプラノパートのピアノロール 2 値行列
17      # pr_a：アルトパートのピアノロール 2 値行列
18      # keymode：調（長調：0、短調：1）
19      pr_s, pr_a, keymode = read_midi(f, True, 64)
20      # ニューラルネットワークに渡す入力・出力データに整える
21      x, y = calc_xy(pr_s, keymode)
22      # 入力データ x、出力データ y、ファイル名 f を各配列に追加する
23      x_all.append(x)
24      y_all.append(y)
25      files.append(f)
26    # 要件を満たさない MIDI ファイルの場合は skip と出力して次に進む
27    except UnsupportedMidiFileException:
28      print("skip")
29
30  # あとで扱いやすいように、x_all と y_all を NumPy 配列に変換する
31  x_all = np.array(x_all)
32  y_all = np.array(y_all)
```

実行結果

```
import glob

dir = "drive/MyDrive/chorales/midi/"

x_all = []
y_all = []
files = []
for f in glob.glob(dir + "/*.mid"):
  print(f)
  try:
    pr_s, pr_a, keymode = read_midi(f, True, 64)
    x, y = calc_xy(pr_s, keymode)
    x_all.append(x)
    y_all.append(y)
    files.append(f)
  except UnsupportedMidiFileException:
    print("skip")
x_all = np.array(x_all)
y_all = np.array(y_all)
```

```
drive/MyDrive/chorales/midi/027300b_.mid
drive/MyDrive/chorales/midi/034800b_.mid
drive/MyDrive/chorales/midi/013705b_.mid
drive/MyDrive/chorales/midi/015403b_.mid
drive/MyDrive/chorales/midi/016606b_.mid
drive/MyDrive/chorales/midi/015705b_.mid
drive/MyDrive/chorales/midi/017206b_.mid
drive/MyDrive/chorales/midi/004207b_.mid
drive/MyDrive/chorales/midi/001805bw.mid
drive/MyDrive/chorales/midi/001106b_.mid
drive/MyDrive/chorales/midi/030100b_.mid
drive/MyDrive/chorales/midi/016106b_.mid
drive/MyDrive/chorales/midi/040600b_.mid
drive/MyDrive/chorales/midi/024454b_.mid
drive/MyDrive/chorales/midi/002007b_.mid
drive/MyDrive/chorales/midi/033000b_.mid
```

もしもファイル名が一つも表示されずに実行が終わったら、ファイルが一つも見つからなかったということです。Google ドライブのマウントを忘れているか、パスの設定が間違えていることがほとんどなので、見直してみましょう。

`read_midi` 関数の第 2 引数（True）は、パートごとにピアノロールを取得することを示しています。ここでは、ソプラノパート（主旋律）だけを使おうと思うので、パートごとにピアノロールを取得しています。第 3 引数（64）は、時間軸方向の要素数です。1 小節を 8 個に分割して（つまり八分音符ごとに）ピアノロールを作ってますので、64 というのは 8 小節分のピアノロールを作るという意味になります。

与えられた MIDI ファイルが 8 小節に満たないとか、今回の用途に使えない MIDI ファイルの場合は `UnsupportedMidiFileException` という例外が投げられますので、この例外が投げられたときはスキップする（次の MIDI ファイルに移る）ようにしています。

3.4.5 読み込んだデータの構造を確認する

ここで改めて、入力データ（`x_all`）と出力データ（`y_all`）の構造を確認しておきましょう。さきほど説明したように、ニューラルネットワークに入力するデータは、各音名の出現割合を表す 12 次元ベクトルです。この 12 次元ベクトルが楽曲数だけ並んでいます。そのため、`x_all` は、楽曲数を N とするとサイズが $N \times 12$ の行列ということになります。一方、ニューラルネットワークが出力するのは 0（長調）または 1（短調）、つまり一つの値です（「スカラー」といいます）。これは、1 次元ベクトルと同一視することができます。入力データと同様にこれが楽曲数だけ並んでいますので、`y_all` はサイズが $N \times 1$ の行列ということになります。このことを図にしたのが**図 3.10** です。

実際に読み込んだデータがこうなってるか確かめてみましょう。次のコードを実行します。

コード 3.4　入力データと出力データの構造を確認する

```
1  print(x_all.shape)
2  print(y_all.shape)
```

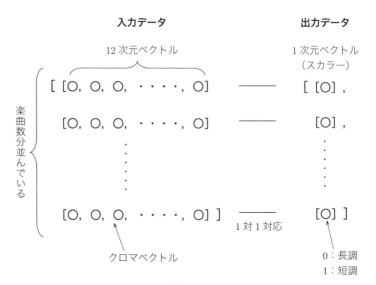

入力データ　　　　　　　　　　出力データ

12 次元ベクトル　　　　　　　1 次元ベクトル
（スカラー）

楽曲数分並んでいる

クロマベクトル

1 対 1 対応

0：長調
1：短調

図 3.10　入力データと出力データの構造

実行結果

```
print(x_all.shape)
print(y_all.shape)
```

```
(495, 12)
(495, 1)
```

3.4.6 学習データとテストデータを分割する

　機械学習の実験を行ううえできわめて重要なことがあります。それは、**学習に用いていないデータで評価すること**です。モデルに十分な自由度があれば、学習に用いたデータで正しく分類や認識ができるのは当たり前です。学習に用いていないデータに対しても適切な値を出力できるかどうかが、ポイントです。そこで、読み込んだデータのうち半分を学習用に使って、残りの半分は評価用に取っておくことにします。scikit-learn（`sklearn`）という機械学習ライブラリにそのための関数がありますので、それを使うことにします。次のコードを入力・実行します（メモリに読み込まれたデータを内部で分割するだけなので、画面には何も出力されません）。

コード 3.5　学習データとテストデータを分割する

```
1   from sklearn.model_selection import train_test_split
2
3   # 学習データとテストデータを 1:1 の割合で割り当てる
```

```
4    # i_train：学習データの添え字、i_test：テストデータの添え字
5    i_train, i_test = train_test_split(
6        range(len(x_all)), test_size=int(len(x_all)/2),
7        shuffle=False)
8    x_train = x_all[i_train]
9    x_test = x_all[i_test]
10   y_train = y_all[i_train]
11   y_test = y_all[i_test]
```

x_train が学習用の入力データ、y_train が学習用の出力データ、x_test が評価用の入力データ、y_test が評価用の出力データを表します。

3.4.7 TensorFlow でモデルを構築する

いよいよ多層パーセプトロンの構築を行います。多層パーセプトロンの構築には、TensorFlow というライブラリを用います。TensorFlow は、Google が開発しているニューラルネットワークのライブラリです。Keras というニューラルネットワークライブラリの API に対応しているため、少ないコード量で柔軟にニューラルネットワークを構築することができます。早速、次のコードを入力・実行してみましょう。

コード 3.6　モデルを構築する

```
1    import tensorflow as tf
2
3    # 空のモデルを作る
4    model = tf.keras.Sequential()
5    # 中間層を作って空のモデルに追加する（入力層は勝手にできる）
6    model.add(tf.keras.layers.Dense(6, input_dim=12,
7                                    use_bias=True,
8                                    activation="sigmoid"))
9    # 出力層を作ってモデルに追加する
10   model.add(tf.keras.layers.Dense(1, use_bias=True,
11                                   activation="sigmoid"))
12   # 最後の設定を行う
13   model.compile(optimizer="adam", loss="binary_crossentropy",
14                 metrics="binary_accuracy")
15   # モデルの構造を画面出力する
16   model.summary()
```

このコードを 1 行ずつ解説していきます。

- 1 行目：

```
import tensorflow as tf
```

TensorFlow のライブラリをインポートし、tf でアクセスできるように
しています。

- 4 行目：

```
model = tf.keras.Sequential()
```

ニューラルネットワークの空のモデルを作っています。TensorFlow
でのニューラルネットワークの作り方は複数用意されています。Se-
quential クラスを使う方法は、多層パーセプトロンのように複数の層
を順に挿入していく場合に適しています。

- 6〜8 行目：

```
model.add(tf.keras.layers.Dense(6, input_dim=12,
                                use_bias=True,
                                activation="sigmoid"))
```

空のモデルに中間層を挿入しています。入力層は勝手にできる仕様に
なっているため、最初に中間層を挿入します。最初の引数（6）は、
中間層のノード数を表します。6 の場合、中間層にはノードが六つ
（$z_1, z_2, \ldots, z_6$）あることを示します。input_dim=12 は、入力層の
ノード数を表します。さきほど入力層は勝手にできるといいました
が、入力層のノード数がわからないと作りようがないので、ここで指
定することになっています。use_bias=True は、定数項（つまり、
$z_i = s(b_i + w_{1,i}x_1 + \cdots + w_{12,i}x_{12})$ の b_i）を入れるかどうかを表し
ます。activation="sigmoid"は後で説明します。

- 10〜11 行目：

```
model.add(tf.keras.layers.Dense(1, use_bias=True,
                                activation="sigmoid"))
```

上で挿入した中間層の後に、次の層（出力層）を挿入しています。引
数の意味は上と一緒です。出力層はノード数が 1 なので、第 1 引数を
「1」にしています。

- 13～14行目：

```
model.compile(optimizer="adam", loss="binary_crossentropy",
              metrics="binary_accuracy")
```

必要な層を挿入し終わったら、最後の設定を行います。`optimizer=`
`"adam"`は、学習時のパラメータ更新に ADAM という方法を使うこと
を示します。`loss="binary_crossentropy"`では、**損失関数**に**交**
差エントロピーというものを指定しています。損失関数とは、第1
章で少しだけ説明したように、学習のときに最小化する関数のことで
す。後で詳しく説明します。`metrics="binary_accuracy"`は、評
価基準として2値分類の正解率を用いることを示しています。こちら
は`loss`とは異なり、画面出力する評価基準を指定しているだけで、学
習の処理自体には影響しません。

- 16行目：

```
model.summary()
```

モデルの構造を出力します。各層（中間層、出力層）が出力するデー
タの形状やパラメータ数などを確認することができます。

3.4.8 モデルを学習する

いよいよモデルの学習を始めます。モデルの学習には、入力データと出力
データが必要です。ここでいう「出力データ」とは、「入力データをモデルに
入力すると、こういう値が出力されてほしい」という、いわば出力の正解デー
タです。次に示す`fit`メソッドで学習を行います。`fit`メソッドでは、第1
引数（ここでは`x_train`）に入力データを、第2引数（`y_train`）に出力
データを指定します。`x_train`の各要素をモデルに入力したときに出力され
る値が、`y_train`の対応する要素の値にできるだけ近づくように、モデル内
のパラメータを徐々に変化させていきます。

コード 3.7　モデルを学習する

```
1  # x_train の各要素を入力したら y_train の各要素が出力されるように
2  # モデルを学習する（モデルのパラメータの値を決める）
3  model.fit(x_train, y_train, batch_size=32, epochs=1000)
```

```
model.fit(x_train, y_train, batch_size=32, epochs=1000)

Epoch 1/1000
8/8 [==============================] - 1s 3ms/step - loss: 0.7345 - binary_accuracy: 0.4032
Epoch 2/1000
8/8 [==============================] - 0s 2ms/step - loss: 0.7289 - binary_accuracy: 0.4032
Epoch 3/1000
8/8 [==============================] - 0s 2ms/step - loss: 0.7235 - binary_accuracy: 0.4032
Epoch 4/1000
8/8 [==============================] - 0s 2ms/step - loss: 0.7187 - binary_accuracy: 0.4032
Epoch 5/1000
8/8 [==============================] - 0s 2ms/step - loss: 0.7146 - binary_accuracy: 0.4032
Epoch 6/1000
8/8 [==============================] - 0s 2ms/step - loss: 0.7101 - binary_accuracy: 0.3992
Epoch 7/1000
8/8 [==============================] - 0s 2ms/step - loss: 0.7064 - binary_accuracy: 0.3105
Epoch 8/1000
8/8 [==============================] - 0s 2ms/step - loss: 0.7027 - binary_accuracy: 0.1573
Epoch 9/1000
8/8 [==============================] - 0s 3ms/step - loss: 0.6997 - binary_accuracy: 0.3145
Epoch 10/1000
8/8 [==============================] - 0s 2ms/step - loss: 0.6967 - binary_accuracy: 0.5847
```

　loss:の後に書かれた数値が損失関数の値、binary_accuracy:の後に書かれた値が、学習データに対する識別精度です。学習が進むにつれて損失関数が下がり、識別精度が上がる様子が確認できますでしょうか。筆者が試したときは、学習が終わる段階では次のように出力されました。

```
Epoch 1000/1000
8/8 [==============================]
- 0s 2ms/step - loss: 0.0332 - binary_accuracy: 0.9879
```

　学習時にエラーが出るとき、多くの場合、実際のデータの構造とモデルが想定しているデータの構造が一致しないことが原因です。3.4.5 項に戻って、データが想定する構造になっているか確認しましょう。

　ちなみに、識別精度がほぼ 100%になったからといって安心しないでください。学習データに対して精度よく識別できることは、当たり前といえば当たり前です。だから、さきほど学習データとテストデータに分割したわけです。学習データに対する識別精度が高いといってすぐに喜ばず、テストデータに対する識別精度を確認するようにしましょう。

3.4.9　長調・短調判定を実行してモデルの精度を評価する

　分類タスクの場合、テストデータに付与されている正解データと同じものを出力できるかどうかが鍵ですので、テストデータの入力と出力（の正解）を与え、正解率を求めます。それを行うのが evaluate というメソッドです。次のコードを実行します。

コード 3.8　モデルの精度を評価する

```
1    # テストデータを与えてモデルを評価する
2    # x_test：テスト用入力データ、y_test：テスト用正解出力データ
3    model.evaluate(x_test, y_test)
```

実行結果

```
model.evaluate(x=x_test, y=y_test)

8/8 [==============================] - 0s 2ms/step - loss: 0.0426 - binary_accuracy: 0.9960
[0.042634498327970505, 0.9959514141082764]
```

3.4.10 正解データを与えずに長調・短調判定を実行する

evaluate メソッドは正解データと比較をして正解率を求めますので、正解データを必ず指定しなければなりません。一方、正解データが手に入っていない状況で、評価用の入力データを与えて何が出力されるか見たいときもあります。そういうときは predict メソッドを使います。次のコードを実行します（画面には何も出力されません）。

コード 3.9　テストデータの入力データをモデルに与えて実行する

```
1    # モデルにテストデータを与えて出力データを予測（計算）する
2    y_pred = model.predict(x_test)
```

3.4.11 ニューラルネットワークの出力を確認する

evaluate メソッドで正解率を評価しても、数値が出てくるだけなので、あまりピンとこないと思います。そこで、長調と判定されたメロディや短調と判定されたメロディを聴いてみて、本当に明るい印象、悲しげな印象を受けるか試してみましょう。次のコードは、テストデータからランダムに一つ選び、判定結果、正解データを出力するとともに、元のメロディを再生するボタンを表示します。さっそく入力・実行してみましょう。

コード 3.10　ニューラルネットワークの出力を確認する

```
1    import random
2    import IPython.display as ipd
3    from midi2audio import FluidSynth
4
5    # ランダムに 1 つテストデータを選ぶ
6    k = random.randint(0, len(i_test))
```

```
7    print("melody id: ", k)
8    print("correct: ", y_test[k])  # 正解データ（0：長調、1：短調）
9    print("prediction: ", y_pred[k])  # 出力（予測）データ
10   # 音を合成するためのオブジェクトを生成する
11   fs = FluidSynth(
12       sound_font="/usr/share/sounds/sf2/FluidR3_GM.sf2")
13   # MIDI データを wav に変換する
14   fs.midi_to_audio(files[i_test[k]], "output.wav")
15   # ブラウザ上で wav データを再生する部品を表示する
16   ipd.display(ipd.Audio("output.wav"))
```

実行結果

```
import random
import IPython.display

k = random.randint(0, len(i_test))
print("melody id: ", k)
print("correct: ", y_test[k])
print("prediction: ", y_pred[k])
midi = pretty_midi.PrettyMIDI(files[i_test[k]])
IPython.display.Audio(data=midi.instruments[0].synthesize(),
                      rate=44100)

melody id:  118
correct:  [1]
prediction:  [0.9994585]

▶ 0:00 / 0:45 ————  ◀)) ⋮
```

correct が 0 であれば長調のメロディ、1 であれば短調のメロディです。prediction は厳密に 0 または 1 になることはありませんが、0 に近い値であれば長調、1 に近い値であれば短調として識別されたことを表します。その下にメロディを再生するボタンが現れると思いますので、聴いてみましょう。長調として識別されたメロディであれば明るく、短調として識別されたメロディであれば悲しげな感じに聞こえたでしょうか。このコードを実行し直せば別のメロディの結果が出力されますので、何度か実行し直して確かめてみましょう。

3.5 重要な用語を理解しよう

3.5.1 活性化関数

3.3.2 項の説明を思い出してみましょう。$x_1, \ldots, x_{12}$ という 12 個の変数があったら、

$$z_i = s(b_i + w_{1,i}x_1 + w_{2,i}x_2 + \cdots + w_{12,i}x_{12})$$

という計算をして、中間層の変数 $z_1, \ldots, z_h$ の値を求めるのでした。ここで、$s(\ )$ という関数があるのがポイントです。この関数は**シグモイド関数**と呼ばれ、$(-\infty, \infty)$ の範囲の値を $(0, 1)$ の範囲に変換します（**図 3.7**）。実は、**この関数があるおかげで、層を増やすことで複雑な計算ができる**のです[*3]。このように、$b_i + w_{1,i}x_1 + w_{2,i}x_2 + \cdots + w_{12,i}x_{12}$ の計算をしてから適用する関数を**活性化関数**と呼びます。活性化関数には、シグモイド関数のほかにもいろいろなものがあります。ここでは二つだけ紹介しておきましょう。

Column　**モデルをファイルに保存しよう**

ニューラルネットワークの学習は、ときに何時間もかかる場合があります。せっかく何時間もかけて学習したのに間違ってブラウザを閉じてしまったら、また最初からやり直しになってしまいます。そこで、モデルを構築・学習したらファイルに保存する癖をつけましょう。

コード 3.11　モデルをファイルに保存する

```
1    model.save("drive/MyDrive/mymodel")
```

コード 3.12　モデルをファイルから読み込む

```
1    model = tf.keras.models.load_model("drive/MyDrive/
     mymodel")
```

ここでは、Google ドライブのマイドライブ直下に「mymodel」という名前で保存していますが、もちろん必要に応じて保存場所や名前は変更してください。なお、モデルは一つのファイルとして保存されるのではなく、「mymodel」というフォルダができて、その中にいくつかのファイルやフォルダに分かれて保存されます。

ただし、本書の第 6 章以降のプログラムのように、TensorFlow Probability を使っている場合、`load_model` メソッドが使えないようです。この場合、モデルを構築するコード（つまり、`model.fit(　)` を実行する直前まで）を実行してから、そのモデルにパラメータのみを読み込みます。具体的には、次のコードを実行します。

コード 3.13　構築したモデルにパラメータのみをファイルから読み込む

```
1    model.load_weights("drive/MyDrive/mymodel")
```

[*3]　もしも、この関数がなければ、いくら層を増やしても、ゴリゴリ式変形をすると結局 $y = b + w_1x_1 + w_2x_2 + \cdots + w_{12}x_{12}$ の形に戻ってしまいます。

●tanh 関数

tanh関数は、日本語では**双曲線正接関数**（hyperbolic tangent）とい
い、次の式で表されます。

$$\tanh(x) = \frac{e^x - e^{-x}}{e^x + e^{-x}}$$

グラフを描くと**図 3.11** のようになり、シグモイド関数と似た形をしていま
す。違いは、シグモイド関数が 0 以上 1 以下の値を取るのに対し、tanh 関
数は −1 以上 1 以下の値を取る点です。シグモイド関数の場合、出力値が必
ず 0 以上の値になりますので、負の値も出てきてほしい場合は、tanh 関数を
使うべきでしょう。TensorFlow では、`activation="tanh"`と指定するこ
とで使うことができます。

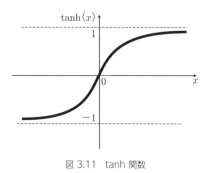

図 3.11　tanh 関数

●ReLU 関数

ReLU関数は、次の式で表され、グラフにすると**図 3.12** のようになり
ます。

$$\mathrm{relu}(x) = \max(0, x)$$

この関数は、次のように書くこともできます。

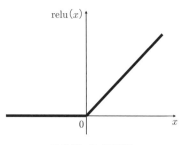

図 3.12　ReLU 関数

$$\mathrm{relu}(x) = \begin{cases} x & (x \geq 0) \\ 0 & (x < 0) \end{cases}$$

シグモイド関数や tanh 関数と違って、上限がないことが特徴です。少しむずかしい話になってしまいますが、x の値が大きくなっても導関数の傾きが 0 にならないため、学習を何度も繰り返してもパラメータの値がほとんど更新されなくなってしまうという事態を防ぐことができます。TensorFlow では、activation="relu" と指定することで使うことができます。

3.5.2 損失関数

損失関数（**ロス関数**とも呼ばれます）は、ニューラルネットワークを学習する際に最小化する関数です。ニューラルネットワークが計算した出力値が正解の値からどれだけ離れているかを損失関数として定義し、これが最小になるようにニューラルネットワークのパラメータを決める、というのが学習の基本的な考え方です。

では、損失関数をどのように定義すればいいでしょうか。一つの方法は、

$$\{(計算値) - (正解値)\}^2$$

と定義する方法です。実際には、学習用に用意したデータはたくさんあるはずなので、データごとにこれを計算して平均を取ります。これを**平均二乗誤差**といいます。

もう一つが、**確率分布の非類似度**に基づく方法です。「確率分布」というのは、簡単にいうと、どの値にどのぐらいの確率が割り振られているかを表すものです。たとえば、いかさまのないコインなら確率分布は「表：0.5、裏：0.5」ですが、あるコインの確率分布は「表：0.1、裏：0.9」かもしれません。ニューラルネットワークでも同様に、正解データにおける「1」と「0」の確率分布とニューラルネットワークの出力データにおける「1」と「0」の確率分布を比べ、これらが似てないほど値が高くなるように損失関数を定義します。そのようにして定義した損失関数に**交差エントロピー**があります。

本章で扱う長調・短調判定のように、出力される値が有限個の場合は、交差エントロピーを使います。

```
model.compile(optimizer="adam", loss="binary_crossentropy",
              metrics="binary_accuracy")
```

の loss="binary_crossentoropy" が、損失関数に（2 値分類用の）交差

エントロピーを使うことを示しています。もしも平均二乗誤差を使いたい場合は、ここを loss="mse"（mean squared error の略）にします。

3.5.3 バッチサイズ

学習データの規模が大きい場合、全部の学習データをメモリに読み込めない場合があります[*4]。そんなときには、学習データを**ミニバッチ**と呼ばれる塊に分け、塊ごとに学習を行います。各ミニバッチに入れる学習データの個数を**バッチサイズ**といいます。TensorFlow では、

```
model.fit(x_train, y_train, batch_size=32, epochs=1000)
```

の引数 batch_size でバッチサイズ（ここでは 32）を指定します。

3.5.4 エポック数

エポック数とは、学習時の繰り返しの回数です。ミニバッチが複数ある場合は、すべてのミニバッチに対する学習を 1 回行ったら、エポック 1 回と数えます。TensorFlow では、

```
model.fit(x_train, y_train, batch_size=32, epochs=1000)
```

の引数 epochs でエポック数（ここでは 1000）を指定します。

3.6 もう少し深く

3.6.1 ニューラルネットワークの学習

1.3 節で、学習とは、損失関数を定義し、それが最小になるようにパラメータを決めることだといいました。では、具体的にはどうするのでしょうか。ここでは、**図 3.6** の単純パーセプトロンを例に説明します。損失関数を E、パラメータ $b, w_1, w_2, \ldots, w_n$（n は入力ノード数。**図 3.6** の例では 12）とすると、E を $b, w_1, w_2, \ldots, w_n$ で微分したときに得られた式が 0 になるように、これらの変数の値を決めます。次の手順で行います。

① $b, w_1, w_2, \ldots, w_n$ を適当に決める。

[*4] 特に GPU を使っている場合は、PC のメモリに読み込めたとしても、GPU 内のメモリに入り切らない場合があります。

② E を $b, w_1, w_2, \ldots, w_n$ で微分したときの値を求める。これがすべて 0 なら終了。

③ E を $b, w_1, w_2, \ldots, w_n$ の値を少し動かす。

④ ②に戻る。

ここで気になるのは、①の「適当に決める」と③の「少し動かす」だと思います。①で初期値をうまく決めないとその後の学習がうまくいかないことがあります。また、③の「少し」が大きすぎると、パラメータの値が行ったり来たりして収束しないことがあります。③でどのぐらい大きく動かすか決める値を**学習率**といいます。TensorFlow では、初期値の決め方や学習率を指定する方法が用意されており、本書では第 7 章にて学習率の指定の仕方のみ紹介します。

ちなみに、この手順は**最急降下法**と呼ばれます。多層パーセプトロンの場合は、層が複数あるのでちょっと複雑ですが（**誤差逆伝播法**と呼ばれる方法が用いられます）、基本的な考えは一緒です。

3.6.2 単純パーセプトロン vs. 多層パーセプトロン

単純パーセプトロンと多層パーセプトロンの違いは、中間層があるかないかです。中間層があることで、一体何ができるのでしょうか。中間層があるときとないときの比較のイメージを**図 3.13** に描いてみました。簡単のために、入力は x_1 と x_2 の 2 通りだとしましょう。このとき、単純パーセプトロンでは、x_1 と x_2 でできる平面（2 次元空間）をバッサリ直線で切って、上が

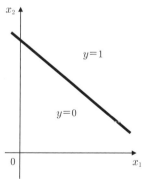

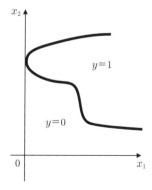

図 3.13　単純パーセプトロンと多層パーセプトロンの違い。単純パーセプトロンでは $y = 1$ の領域と $y = 0$ の領域を直線で切るのに対し、多層パーセプトロンではより柔軟な切り方ができる。

$y = 1$、下が $y = 0$ と決めます。このとき、**単純パーセプトロンでは直線で切ることしかできない**のです。一方、**多層パーセプトロンでは、曲線で切ったり複数の直線を組み合わせて切ったりする**ことができます。

試しに、多層パーセプトロンを単純パーセプトロンに差し替えてみましょう。

```
model.add(tf.keras.layers.Dense(6, input_dim=12, use_bias=True,
                                activation="sigmoid"))
model.add(tf.keras.layers.Dense(1, use_bias=True,
                                activation="sigmoid"))
```

を

```
model.add(tf.keras.layers.Dense(1, input_dim=12, use_bias=True,
                                activation="sigmoid"))
```

に差し替えるだけで OK です。TensorFlow では入力層は勝手に挿入されますので、`model.add(　)` を 2 回行えば、一つ目が中間層で二つ目が出力層になります。`model.add(　)` を 1 回しか行わなければ、それが出力層になるので、つまり単純パーセプトロンということになります。このように、ニューラルネットワークの形を柔軟に設定できるのが、TensorFlow の魅力です。

今回扱っている長調・短調判定は比較的単純なタスクなので、単純パーセプトロンでも十分な精度になるかとは思います（筆者が試したときは、テストデータに対する正解率は 97.2% でした）。もしも一本の直線でバッサリ空間を切れるような単純なデータではないときには、中間層の存在が効果を発揮するはずです。

3.6.3 中間層のノード数は多ければいいってわけではない

多層パーセプトロンでは、複雑な曲線で空間を切ることができるといいました。では、どのぐらい複雑な曲線を使うことができるのでしょうか。これは、中間層のノード数により決まってきます。

```
model.add(tf.keras.layers.Dense(6, input_dim=12, use_bias=True,
                                activation="sigmoid"))
```

の第 1 引数（6）です。この値が大きいほど複雑な曲線で空間を切ることができます。では、この値を大きくして、できるだけ空間を切る曲線の自由度を上げた方がいいのでしょうか。実は、そうではありません。あまりに曲線の自由度が高すぎると、学習時に与えたデータに完璧に合うように曲線を引いてしまうために、曲線がいびつになってしまい、テストデータ（学習時に

は与えていなかったデータ）への精度がむしろ下がることが知られています。このことを**過適合**、**過学習**、**オーバーフィッティング**などと呼びます。

3.7 本章のまとめ

本章では、次のことを学びました。

- 我々が普段聴く音楽は**長調**と**短調**に分けることができ、一般に、長調は明るい印象、短調は悲しげな印象を与えるといわれている。**ハ長調**と**ハ短調**を比べたとき、「ミ」が多く使われているか「ミ♭」が多く使われているかで区別することができる。
- **入力層**に**出力層**が直結したニューラルネットワークを**単純パーセプトロン**といい、入力層から**中間層**をはさんで出力層に接続されたニューラルネットワークを**多層パーセプトロン**という。多層パーセプトロンでは、単純パーセプトロンに比べて複雑な入出力関係を学習できる。
- 長調・短調判定のように「AかBか」を判定したいとき（**2値分類**）は、ニューラルネットワークの出力値として片方に 0 を、もう片方に 1 を割り当てる。2 値分類では、出力層の活性化関数に**シグモイド関数**、損失関数に**交差エントロピー**を用いる。

今回取り上げた長調・短調判定は、あらかじめハ長調またはハ短調に移調してから行ったので、分類問題としてはかなりやさしめのものでした。「ミ」と「ミ♭」のどちらがより多く使われるかでほぼ判定できるということがあらかじめわかっているためです。逆にいうと、結果が予想しやすいので最初に試すには適していたと思います。次章では、メロディにハモリパートを付与することを取り上げます。

演習

1. 3.6.2 項で述べたように、数行変更するだけで多層パーセプトロンから単純パーセプトロンに書き換えることができます。単純パーセプトロンにすると分類精度は落ちるのか、ほとんど変わらないのか、試してみ

ましょう。

2. コラムで述べたように、長調・短調判定が高精度にうまくいっているのは、あらかじめハ長調またはハ短調に移調しているからです。この移調をやめたら精度が下がることが予想されます。どのぐらい精度が下がるのか試してみましょう。また、中間層のノード数や活性化関数を調整することで精度が向上するか試してみましょう。

🐤 ♪ Column　ハ長調／ハ短調への移調をしない

　本章の実験では99%の正解率が得られていますが、これにはあるカラクリがあります。それは、事前にハ長調／ハ短調に移調しているということです。そのため、「ミ」と「ミ♭」のどちらが多く使われるかで決着がついてしまうため、簡単に99%近い正解率が出てしまいます。

　移調をしない場合、主音が「ド」じゃないものが混じってきます。主音が「ド」なら「ミ」と「ミ♭」を見ればよかったものが、主音が「ファ」なら「ラ」と「ラ♭」というように、着目する音名が曲によって変わってしまいます。そのため、すべての音名の出現傾向を考慮しなければなりません。read_midi 関数の

```
transpose_to_c(midi, key_number)
```

をコメントアウトするだけでできるので、ぜひ試してみてください。筆者が試したところ、単純パーセプトロンでは

　学習データに対する正解率：66.1%、テストデータに対する正解率：61.1%

でした。多層パーセプトロン（中間層のノード数：6、活性化関数：sigmoid）だと、

　学習データに対する正解率：68.5%、テストデータに対する正解率：58.7%

になりました。中間層のノード数や活性化関数をいろいろ変えると精度は変わってきます。たとえば、中間層のノード数を96にし、活性化関数にReLU関数を使うと（activation="relu"）、

　学習データに対する正解率：94.8%、テストデータに対する正解率：77.7%

まで改善することができました。皆さんもいろいろと設定を変えて試してみてください。

第4章 ハモリパート付与で学ぶRNN

音楽の一つの特徴に「時系列データ」であるということが挙げられるでしょう。聞こえてくる音は一定ではなく、時間軸に沿ってどんどん変わります。その変わり方に我々は芸術性を感じたり快の情動を覚えるといえるでしょう。本章で取り上げるリカレントニューラルネットワーク（RNN）は、このような時系列データの予測に用いられるニューラルネットワークです。

時系列データは、音楽以外にもいろいろあります。音楽以外の音、たとえば人が喋った音声も、もちろん時系列です。映画をはじめとする映像も時系列ですね。ちょっと趣を変えると、気象データも定期的に観測するでしょうから時系列といえるでしょう。株価などもそうです。また、文章も、単語が一列に並んでいて頭から順番に読んでいくものなので、時系列の一種といっても差し支えないでしょう。

つまり、時系列データは我々の世界のあらゆる場面で登場するので、時系列データを扱う手法には、とても汎用性があるということです。ここに、音楽を題材にする強みがあります。そこで、本章では、時系列データを扱う手法について、音楽を題材に学んでいこうと思います。

 ## 本章のお題：ハモリパートを付ける

本章では、メロディが与えられたらそれにハモリパートを付けるという問題を扱います。皆さんは、「ソプラノ」「アルト」「テノール」「バス」という言葉を聞いたことがあると思います。中学校の音楽の授業で行った合唱のアレです。ソプラノの人が主旋律を歌うと、アルト、テノール、バスの人たちがうまくハモって歌ってくれます。このような「ハモる」パートを本書では**ハモリパート**と呼ぶことにします。音楽の授業では、すでにうまくハモるように考えられた楽譜がすでにあるわけですが、ここでは、ソプラノだけ楽譜があって、アルト、テノール、バスはコンピュータが作るということにし

ましょう。とはいっても、ハモリパートが三つもあると大変なので（モデルが複雑になって理解しにくくなる）、アルトパートだけ付けることにします。

　具体的にどんなデータをニューラルネットワークに与えるかを考えていきましょう。入力はソプラノパートのピアノロール 2 値行列、出力はアルトパートのピアノロール 2 値行列にしましょう（**図 4.1**）。ピアノロール 2 値行列は、8 分音符ごとに区切られているものとします。メロディの長さは、本来もちろん楽曲によって違うのですが、決めてしまったほうが扱いやすいので、8 小節としましょう。なので、ピアノロール 2 値行列には 64 個の値が横に並ぶことになります（本書では、8 分音符ごとの音高ベクトルを扱うことにしたので）。実際の楽曲が 8 小節よりも長いときは冒頭 8 小節のみを扱い、8 小節より短いときは、その楽曲は使わないことにします。なお、ソプラノパートもアルトパートも、パート内で同時に複数の音が鳴ることはないものとします。

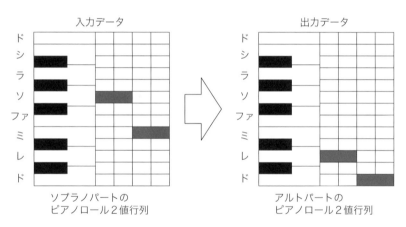

図 4.1　ハモリパート付与の入力と出力。入力をソプラノパートのピアノロール2値
　　　　行列、出力をアルトパートのピアノロール2値行列とする。

4.2 どう解くか：時系列の扱いを考える

　一例として、ソプラノパートとして「ソラソファミ」というメロディが与えられた場合を考えてみましょう。このとき、たとえばアルトパートとして「ミファミレド」が出力されたりします（**図 4.2**）。これを行うには、二つのことを考慮する必要があります。一つは**同時に鳴る音の協和性**です。たとえば、1 個目のソプラノの音「ソ」と 1 個目のアルトの音「ミ」が不協和音を生じさせてはいけない、ということです。もう一つが、**パートごとの音の滑らかさ**です。アルトの一つ目の音と二つ目の音、さらに三つ目の音などがバラバラに決められてしまったら、滑らかなメロディにはならないでしょう。メロディのなめらかさを考慮してアルトのメロディを決めるべきです。このとき、n 番目の音を決める際に、直前（$n-1$ 番目）や直後（$n+1$ 番目）の音には強く引っ張られるものの、遠い音（たとえば $n-20$ 番目や $n+30$ 番目）はあまり関係なさそうということがわかります。そこで、**$n-1$ 番目の音の情報を n 番目の音を決める際に渡す**（n 番目の音の情報は $n+1$ 番目の音を決める際に渡される）ことを考えます。

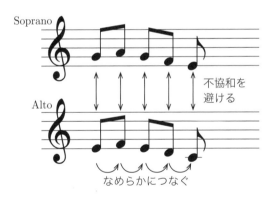

図 4.2　ソプラノのメロディにアルトパートを付ける

　ソプラノの音とアルトの音が不協和音を生じさせてはいけないといいましたが、そもそも不協和音とは何なのでしょうか。不協和音というと「音が濁った和音」というイメージだと思うので、客観的には定義できないものという印象があるかもしれません。しかし、2つの音を同時に鳴らしたときに協和するか不協和になるかは、周波数の関係で決まり、音楽理論的には客観的に定義されています。

　不協和になる音の組み合わせを簡単に調べる方法をお教えしましょう。ここでは「ソ」の音と同時に鳴らすと不協和になる音を探すことにします。すぐにわかるのは、黒鍵も含めた両隣、つまり「ソ」の半音下(ファ♯)と半音上(ソ♯)です。さらにその隣、つまり「ソ」の全音下(ファ)と全音上(ラ)も該当します。最後に一番わかりにくいのが、「ソ」から半音6個分上がった(または下がった)音(ド♯)です。不協和になるのはこの5種類です(**図4.3**)。それ以外(ソとミ、ソとドなど)は協和する組み合わせということになります。

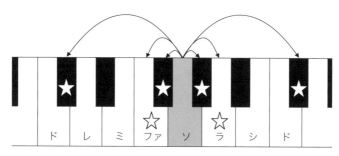

図 4.3　「ソ」の音から見た不協和音程

4.3 ざっくり学ぼう：RNN と one-hot ベクトル

4.3.1 リカレントニューラルネットワーク（RNN）

リカレントニューラルネットワーク（RNN）は、$n-1$ 番目の要素（ここでは音符）の情報が n 番目の要素の処理に影響を与えるように設計されたニューラルネットワークです。ソプラノパートの n 番目の音高ベクトル x_n が与えられて、アルトパートの n 番目の音高ベクトル y_n を決める処理を考えましょう。前章で学んだ多層パーセプトロンを使うのであれば、入力層 x_n と出力層 y_n の間に中間層 z_n が挿入されています。RNN では、中間層 z_n に一つ前の中間層 z_{n-1} を接続します（**図 4.4**）。

これにより、一つ前の音高ベクトルを決める処理（$x_{n-1} \to z_{n-1} \to y_{n-1}$）を考慮してソプラノからアルトを決める（$x_n \to z_n \to y_n$）ことができます。前章で学んだ多層パーセプトロンでも、x_n から y_n を決めることはできます。しかし、直前の音（$x_{n-1} \to y_{n-1}$）や直後の音（$x_{n+1} \to y_{n+1}$）と関係なく決定されます。それに対して、RNN であれば直前の音を考慮して決定することができます（**図 4.5**）。

4.3.2 one-hot ベクトル

もう一つ、入力データと出力データに工夫をする必要があります。本章で入力及び出力として採用した**ピアノロール2値行列**がどんなものかを思い出しましょう（2.2.3 項で説明しています）。ピアノロール 2 値行列は、1 と 0 が並んだ行列です。行列を列ごとに分割して考えてみましょう。行列を X とすると、

$$X = (x_1, x_2, \ldots, x_N)$$

と書くことができます。x_n は、8 分音符レベルで n 個目の拍の**音高ベクトル**で、音がある箇所に 1、音がない箇所に 0 が入っています。本章では、入力（ソプラノパート）も出力（アルトパート）も、同時に複数の音がなることはないと仮定していますので、一つの音高ベクトルのうち 1 になるのは高々 1 箇所です。

この音高ベクトルは、休符のときはすべての要素が 0 になります。実は、これがちょっと厄介なのです。（特に出力データは）常に「どこか 1 箇所が必ず 1 で、残りはすべて 0」という状態を保っていた方が、都合がいいのです。どこか 1 箇所が必ず 1 で、残りがすべて 0 ということは、すべての要素を足すと必ず 1 になるということです。後で紹介する**softmax関数**にも

「すべての要素を足すと 1 になる」という性質があり、この性質を使うことで効果的な学習を行うことができます。このことに限らず、機械学習では確率の考え方がよく登場します。確率にも「すべての要素を足すと 1 になる」という重要な性質がありますね。

そこで、**休符を表す要素を最後にくっつけ、休符のときはそこを 1 にする**ことにします（**図 4.6**）。このように、どこか 1 箇所が 1 で、残りが 0 であるベクトルを**one-hotベクトル**といいます。特に出力データでは one-hot ベクトルはかなり頻繁に使われますので、覚えておきましょう。

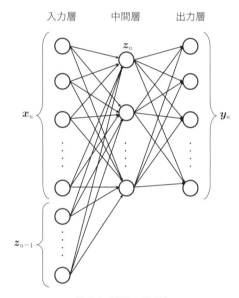

図 4.4　RNN の模式図

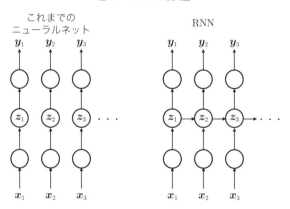

図 4.5　多層パーセプトロンと RNN の比較

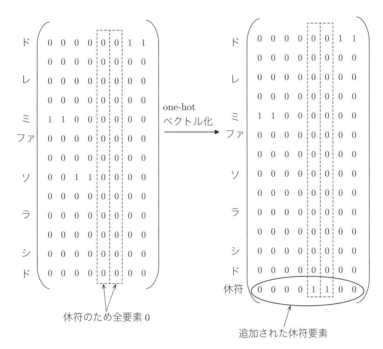

図 4.6　休符要素を各音高ベクトルの末尾に追加し、one-hot ベクトル化する。

4.4　コードを書いて試してみよう

4.4.1　Google Colaboratory を開いて準備をする

第 3 章と同様に、Google Colaboratory ノートブックを新しく開きましょう。開いたら、Google ドライブを Google Colaboratory にマウントしましょう。次に、MIDI ファイルの読み書きに使用する PrettyMIDI、MIDI データの再生に使用する midi2audio と FluidSynth を Google Colaboratory 内にインストールしておきましょう。

コード 4.1　PrettyMIDI、midi2audio、FluidSynth をインストールする

```
1    !pip install pretty_midi
2    !pip install midi2audio
3    !apt install fluidsynth
```

4.4.2 MIDIデータを読み込むコードをコピーする

2.3.4 項で作成した UnsupportedMidiFileException クラス、transpose_to_c 関数、get_pianoroll 関数、read_midi 関数をそのまま使います。すでに入力済みだと思いますので、コード 2.5 をそのままコピー&ペーストして実行しましょう（実行しないと読み込まれないので注意）。

4.4.3 MIDIデータを書き込むコードもコピーする

同様に、2.3.5 項で作成した make_midi 関数および show_and_play_midi 関数も使います。入力済みのコード 2.7、コード 2.8 をそのままコピー&ペーストして実行しましょう。

4.4.4 one-hot ベクトルに変換するコードを書く

ピアノロール 2 値行列に対して、その中の各音高ベクトルに休符要素を追加して one-hot ベクトル化する関数を作りましょう。次のコードを入力して実行します。

コード 4.2　休符要素を追加する関数を定義する

```
1   # ピアノロール 2 値行列に休符要素を追加する
2   def add_rest_nodes(pianoroll):
3       # ピアノロール 2 値行列の時刻ごとの各音高ベクトルに対して、
4       # 全要素が 0 のときに 1、そうでないときに 0 を格納したデータ
5       # （休符要素系列と呼ぶ）を作る
6       rests = 1 - np.sum(pianoroll, axis=1)
7       # 休符要素系列に 2 次元配列化して行列として扱えるようにする
8       rests = np.expand_dims(rests, 1)
9       # ピアノロール 2 値行列と休符要素系列をくっつけた行列を作って返す
10      return np.concatenate([pianoroll, rests], axis=1)
```

4.4.5 すべてのMIDIファイルを読み込んで、データを配列に格納する

前章と同様に、用意したデータベースを読み込んでデータを配列に格納しましょう。コードの構造は前章とほぼ同じですが、入力と出力が、ソプラノパートとアルトパートのピアノロール 2 値行列（one-hot ベクトル化したもの）である点が異なります。次のコードを入力して実行しましょう。

```
1   import glob
2
3   # MIDI ファイルを保存してあるフォルダへのパス
4   dir = "drive/MyDrive/chorales/midi/"
5
6   x_all = []          # 入力データ（ソプラノメロディ）を格納する配列
7   y_all = []          # 出力データ（アルトメロディ）を格納する配列
8   keymodes = []       # 長調か短調かを格納する配列
9   files = []          # 読み込んだ MIDI ファイルのファイル名を
10                      # 格納する配列
11
12  # 指定されたフォルダにある全 MIDI ファイルに対して
13  # 次の処理を繰り返す
14  for f in glob.glob(dir + "/*.mid"):
15    print(f)
16    try:
17      # MIDI ファイルを読み込む
18      # pr_s：ソプラノパートのピアノロール 2 値行列
19      # pr_a：アルトパートのピアノロール 2 値行列
20      # keymode：調（長調：0、短調：1）
21      pr_s, pr_a, keymode = read_midi(f, True, 64)
22      # ピアノロール 2 値行列に休符要素を追加する
23      x = add_rest_nodes(pr_s)
24      y = add_rest_nodes(pr_a)
25      # 休符要素を追加したピアノロール 2 値行列などを配列に追加する
26      x_all.append(x)
27      y_all.append(y)
28      keymodes.append(keymode)
29      files.append(f)
30    # 要件を満たさない MIDI ファイルの場合は skip と出力して次に進む
31    except UnsupportedMidiFileException:
32      print("skip")
33
34  # あとで扱いやすいように、x_all と y_all を NumPy 配列に変換する
35  x_all = np.array(x_all)
36  y_all = np.array(y_all)
```

```
import glob

dir = "drive/MyDrive/chorales/midi/"

x_all = []
y_all = []
files = []
for f in glob.glob(dir + "/*.mid"):
  print(f)
  try:
    pr_s, pr_a, keymode = read_midi(f, True, 64)
    x = add_rest_nodes(pr_s)
    y = add_rest_nodes(pr_a)
    x_all.append(x)
    y_all.append(y)
    files.append(f)
  except UnsupportedMidiFileException:
    print("skip")
x_all = np.array(x_all)
y_all = np.array(y_all)

drive/MyDrive/chorales/midi/024514b_.mid
drive/MyDrive/chorales/midi/005505b_.mid
drive/MyDrive/chorales/midi/013306b_.mid
drive/MyDrive/chorales/midi/019710b_.mid
drive/MyDrive/chorales/midi/013702b_.mid
drive/MyDrive/chorales/midi/000306b_.mid
drive/MyDrive/chorales/midi/024444b_.mid
drive/MyDrive/chorales/midi/015309b_.mid
drive/MyDrive/chorales/midi/024809b1.mid
drive/MyDrive/chorales/midi/040500b_.mid
drive/MyDrive/chorales/midi/069400b_.mid
drive/MyDrive/chorales/midi/002606b_.mid
drive/MyDrive/chorales/midi/007507b_.mid
drive/MyDrive/chorales/midi/019705b_.mid
```

4.4.6 入力データと出力データの構造を確認する

今回は、入力データも出力データもピアノロール 2 値行列に休符要素を追加したものです。ここでは、音高がノートナンバー 48〜95 の 48 種類を考えるので、それに休符要素を追加し、49 次元の one-hot ベクトルを用います。これが、時間軸上に並びます。ここでは、8 分音符ごとに 8 小節分の要素を並べることにしましょう。そうすると、64 個並ぶことになります。以上から、一つの楽曲はサイズが 64×49 の行列で表されることになります。これが楽曲の数だけあるので、楽曲数を N とすると、$N \times 64 \times 49$ の 3 次元配列[1]で表されることになります。

本当にこうなっているか確かめてみましょう。次のコードを実行します。

コード 4.4　データの構造を確認する

```
1   print(x_all.shape)
2   print(y_all.shape)
```

---

[1]　数学的には**3階テンソル**といいます。

```
print(x_all.shape)
print(y_all.shape)

(495, 64, 49)
(495, 64, 49)
```

4.4.7 学習データとテストデータを分割する

配列に格納したデータのうち半分を学習データに、残り半分をテストデータに割り当てましょう。コードは前章と全く一緒です。次のコードを入力して実行しましょう。

コード 4.5　学習データとテストデータを分割する

```
1   from sklearn.model_selection import train_test_split
2
3   # 学習データとテストデータを 1:1 の割合で割り当てる
4   # i_train：学習データの添え字、i_test：テストデータの添え字
5   i_train, i_test = train_test_split(
6       range(len(x_all)), test_size=int(len(x_all)/2),
7       shuffle=False)
8   x_train = x_all[i_train]
9   x_test = x_all[i_test]
10  y_train = y_all[i_train]
11  y_test = y_all[i_test]
```

4.4.8 TensorFlow でモデルを構築する

いよいよ TensorFlow を使って RNN を構築しましょう。前章との違いは、中間層が RNN であることです。そのため、一つ目の model.add( ) の引数に指定するクラスが、tf.keras.layers.Dense から tf.keras.layers.SimpleRNN に変化します。次のコードを入力して実行しましょう。

コード 4.6　モデルを構築する

```
1   import tensorflow as tf
2
3   seq_length = x_train.shape[1]    # 時系列の長さ（時間方向の要素数）
4   input_dim = x_train.shape[2]     # 入力の各要素の次元数
5   output_dim = y_train.shape[2]    # 出力の各要素の次元数
6
7   # 空のモデルを作る
```

```
 8    model = tf.keras.Sequential()
 9    # RNN層を作ってモデルに追加する
10    model.add(tf.keras.layers.SimpleRNN(
11        128, input_shape=(seq_length, input_dim),
12        use_bias=True, activation="tanh",
13        return_sequences=True))
14    # 出力層を作ってモデルに追加する
15    model.add(tf.keras.layers.Dense(
16        output_dim, use_bias=True, activation="softmax"))
17    # 最後の設定を行う
18    model.compile(optimizer="adam",
19                  loss="categorical_crossentropy",
20                  metrics="categorical_accuracy")
21    # モデルの構造を画面出力する
22    model.summary()
```

実行結果

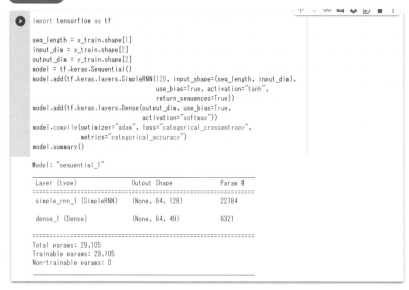

前章と異なる部分のみ解説しましょう。

- 10〜13行目：

```
model.add(tf.keras.layers.SimpleRNN(
    128, input_shape=(seq_length, input_dim),
    use_bias=True, activation="tanh",
```

```
    return_sequences=True))
```

中間層として RNN 層を挿入しています。各引数の意味を一つひとつ
解説します。

- 128 は中間層のノード数です。
- input_shape では (seq_length, input_dim) を指定して
  います。input_dim が各音高ベクトル（休符要素あり）の次元
  数、seq_length が時間軸上に並ぶ音高ベクトルの個数です。
  前章とは異なり、入力データが行列であることに注意してくだ
  さい。ニューラルネットワークを構築するときにエラーが発生
  してうまくいかないことがありますが、よくある原因の一つが
  input_shape の誤りです。特に行と列の誤りが多いようです。
  しっかりと確認しましょう。
- activation="tanh"では、活性化関数に tanh 関数を指定し
  ています。これは特に深い意味はありませんので、シグモイド
  関数や ReLU 関数など他のものに変えても構いません。
- return_sequences=True は、時刻 $n = 1$ から時刻 $n = N$
  まですべての時刻に対して出力層の計算結果を出力することを
  表しています。これを False にすると、最後の時刻 $n = N$ の
  ときの計算結果しか出力しません。

- 15〜16 行目：

```
model.add(tf.keras.layers.Dense(
    output_dim, use_bias=True, activation="softmax"))
```

出力層を挿入しています。出力層のノード数は、出力データにおける各
拍の音高ベクトル（休符要素あり）の要素数に等しいので、output_dim
と指定しています。活性化関数には**softmax関数**を指定していま
すが、こちらは 4.5.1 項にて後述します。

- 18〜20 行目．

```
model.compile(optimizer="adam",
              loss="categorical_crossentropy",
              metrics="categorical_accuracy")
```

層の挿入が終わってから行う（学習開始前の）最後の設定です。損失

関数には**多クラス交差エントロピー**を指定しています。こちらも4.5.1 項にて後述します。

4.4.9 モデルを学習する

fit メソッドを使ってモデルを学習します。

コード 4.7　モデルを学習する

```
1  # x_train[i] を入力したら y_train[i] が出力されるように
2  # モデルを学習する（モデルのパラメータの値を決める）
3  model.fit(x_train, y_train, batch_size=32, epochs=1000)
```

実行結果

```
model.fit(x_train, y_train, batch_size=32, epochs=1000)

Epoch 1/1000
8/8 [==============================] - 1s 16ms/step - loss: 3.6330 - categorical_accuracy: 0.1113
Epoch 2/1000
8/8 [==============================] - 0s 16ms/step - loss: 2.9985 - categorical_accuracy: 0.2188
Epoch 3/1000
8/8 [==============================] - 0s 17ms/step - loss: 2.7494 - categorical_accuracy: 0.2584
Epoch 4/1000
8/8 [==============================] - 0s 16ms/step - loss: 2.6552 - categorical_accuracy: 0.2660
Epoch 5/1000
8/8 [==============================] - 0s 17ms/step - loss: 2.5690 - categorical_accuracy: 0.2858
Epoch 6/1000
8/8 [==============================] - 0s 17ms/step - loss: 2.5022 - categorical_accuracy: 0.3056
Epoch 7/1000
8/8 [==============================] - 0s 16ms/step - loss: 2.4357 - categorical_accuracy: 0.3235
Epoch 8/1000
8/8 [==============================] - 0s 17ms/step - loss: 2.3524 - categorical_accuracy: 0.3402
Epoch 9/1000
8/8 [==============================] - 0s 17ms/step - loss: 2.2944 - categorical_accuracy: 0.3506
Epoch 10/1000
8/8 [==============================] - 0s 18ms/step - loss: 2.2421 - categorical_accuracy: 0.3555
Epoch 11/1000
8/8 [==============================] - 0s 17ms/step - loss: 2.2290 - categorical_accuracy: 0.3675
Epoch 12/1000
8/8 [==============================] - 0s 16ms/step - loss: 2.2244 - categorical_accuracy: 0.3608
```

4.4.10 ハモリパート生成を実行してモデルの精度を評価する

前章と同様に、evaluate メソッドを使うことで、テストデータに対してニューラルネットワークを適用し、生成された結果が正解データとどの程度一致するかを確かめることができます。次のコードを実行しましょう。

コード 4.8　モデルの精度を評価する

```
1  # テストデータを与えてモデルを評価する
2  # x_test：テスト用入力データ、y_test：テスト用正解出力データ
3  model.evaluate(x_test, y_test)
```

実行結果

```
model.evaluate(x_test, y_test)
8/8 [==============================] - 0s 7ms/step - loss: 3.2429 - categorical_accuracy: 0.4094
[3.2429471015930176, 0.4094129502773285]
```

　それほど正解との一致率は高くないと思います。実行結果にあるように、筆者が試したときは約 40% でした。では、残りの 60% は失敗なのでしょうか。実はそうとはいえないところが、音楽生成の難しいところなのです。というのも、このようなメロディを生成するタスクでは、唯一の正解が存在するわけではありません。たとえば、「ソラソファミ」というソプラノのメロディに合うアルトのメロディは一つではありません。「ミファミレド」もあれば「ドレドシド」だっていいでしょう。しかし、我々がもっているデータベースは、それぞれの楽曲に付与されているアルトパートはたった一つです。音楽的にはおかしくない複数のメロディのうち一つだけが、正解として与えられているわけです。そのため、テストデータに対して正解と非常に高い一致率が得られるということはまずなく、また逆にいえば、正解との一致率が低くても音楽的に妥当なハモリになっている可能性は十分にあるというわけです。

4.4.11 正解データを与えずにハモリパート生成を実行する

　前章と同様、入力データだけ与えて出力データを計算するには、次のコードを実行します。

コード 4.9　入力データだけを与えてハモリパートを生成する

```
1  # モデルにテストデータのソプラノを与えてアルトを予測（生成）する
2  y_pred = model.predict(x_test)
```

4.4.12 ハモリパート生成結果を MIDI データに変換して聴いてみる

　次に、テストデータから一つ選んで、生成結果を目と耳で確かめてみましょう。次のコードを実行すると、指定された番号（ここでは 0 番目）の楽曲に対して、与えられたソプラノパートと生成されたアルトパートからなるハーモニーを MIDI データとして保存してくれます。同時に、各パートをピアノロールで確認することができます。

```
1    # 0 番目のデータを選択
2    k = 0
3    # 選択したデータのアルトの生成結果を聴けるようにする
4    show_and_play_midi([x_test[k, :, 0:-1], y_pred[k, :, 0:-1]],
5                       "output.mid")
```

実行結果

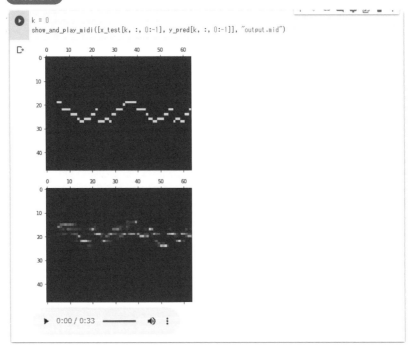

　上図のように、再生ボタンの他、ピアノロールが二つ描画されます。一つ目が与えられたソプラノパート、二つ目が生成されたアルトパートです。アルトパートに関しては、1 箇所が黄色く光るのではなく、ぼんやりと青く光が拡がるようになっているところがあると思います。これは、たとえば「ミ: 0.5、ファ: 0.4」のように、1 箇所だけが 1 に近い値になったわけではないことを示しています。

　y_pred を y_test に変更して再実行すると、生成結果の代わりに正解データを確認することができます。

　k = 0 の代入値を変更すれば、いろいろな楽曲に対する結果を確認することができます。テストデータは 240 曲ぐらいあるはずなので、テストデータ

の個数の範囲内でいろいろと値を変えてみましょう。

　手動で変えるのが面倒な場合は、乱数を k に代入するようにしてもいいでしょう。

```
k = random.randint(0, len(x_test))
```

に変更すれば、毎回異なる楽曲に対する結果を確認することができます。ただし、この場合は 1 行目に

```
import random
```

を追加するようにしてください。

 もう少し深く

4.5.1 出力が one-hot ベクトルのときの活性化関数と損失関数

　第 3 章で取り上げた長調・短調判定では、出力層の活性化関数にはシグモイド関数を用いました。今回も、シグモイド関数でいいのでしょうか。第 3 章の長調・短調判定では、出力層にはノードが一つしかありませんでしたが、今回は、時刻ごとに one-hot ベクトルが出力されます。もちろん、one-hot ベクトルに対してシグモイド関数を使っても、計算はきちんとできます。しかし、シグモイド関数はノードごとに別々に値を計算するため、たとえば、「3 番目と 7 番目がともに 1 に近い値を取る」みたいなことが起こり得ます。正解データが one-hot ベクトルであることがわかっているのですから、「**一つだけが 1 に近い値になり、残りは 0 に近い値になる**」という制約が入っている活性化関数を使ったほうが、手っ取り早く正解に近づきそうです。

　そこで登場するのが **softmax 関数**です[*2]。この関数は、複数あるノードのうち一番値が大きいものが 1 に近づき、残りは 0 に近づくようになっています（**図 4.7**）。また、すべての値を足すと 1 になるようになっている点も好

[*2] 　各ノードの値を $u_1, u_2, \ldots, u_d$ とすると、

$$\mathrm{softmax}(u_i) = \frac{e^{u_i}}{\displaystyle\sum_{k=1}^{d} e^{u_k}}$$

という式で定義されます。

シグモイド関数の場合

softmax 関数の場合

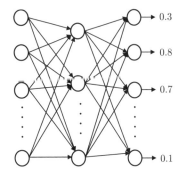
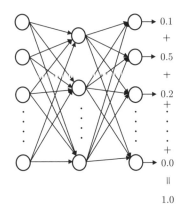

図 4.7 出力層の活性化関数にシグモイド関数を使った場合と softmax 関数を使った場合。どちらも 0 以上 1 以下の値に変換して出力するが、シグモイド関数はノードごとに独立に 0〜1 の値に変換するのに対し、softmax 関数は総和が 1 になるように変換される。

都合です（計算結果を確率として解釈することができます）。TensorFlow では、Dense オブジェクトを生成する際に `activation="softmax"`というオプションを与えることで、活性化関数に softmax 関数を指定することができます。

　出力が one-hot ベクトルの場合、損失関数には**多クラス交差エントロピー**というものを使います。`model.compile(　)`の引数として `loss="categoraical_cross_entropy"`を指定すれば OK です。

4.5.2 より先進的な RNN

　RNN を使うことで、x_1 から計算された z_1 の情報が z_2 に伝えられ、さらに $z_3, z_4, \ldots$ とどんどん情報を引き継いでいくことができるようになりました。しかし、たとえば z_1 や z_2 の情報が z_{20} や z_{30} まで十分に引き継がれるかというと、少し疑問といわざるを得ません。これは、活性化関数の多くが値の範囲をぎゅっと縮めてしまうことによります。これを回避する工夫がいくつか提案されていますので、いくつか紹介しましょう。

●LSTM

　LSTM の特徴は、中間層から出力層に情報を伝えるのとは別に、中間層の情報を次の時刻に伝える際に「セル」という変数が使われる点にあります。
　図 4.8 を見てください。左の図は、シンプルな RNN の中間層を表します。

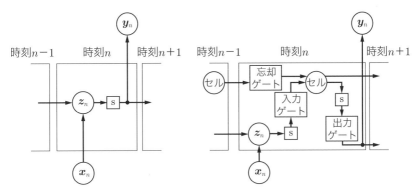

図 4.8　シンプルな RNN の中間層の中身（左）と LSTM の中間層の中身（右）。LSTM はわかりやすいように簡略化しており、実際にはもっと複雑である。$\boxed{s}$ は活性化関数を表す。

入力層 $\boldsymbol{x}_n$ と一つ前の中間層 $\boldsymbol{z}_{n-1}$ の情報が $\boldsymbol{z}_n$ に伝えられ、活性化関数 s が適用された後に、次の時刻の中間層 $\boldsymbol{z}_{n+1}$ に送られます。活性化関数 s には tanh がよく用いられますが、その場合 -1 から 1 の範囲に値が圧縮されますので、n が大きくなるにつれて n が小さかった頃の情報はどんどんつぶされていきます。

　右図の LSTM では、左から右へ情報が流れる経路が上にもう一つあります。上の経路は「セル」と呼ばれる変数に値がどんどん入っていきますが、活性化関数 s を経由しません。そのため、上の問題を回避することができます。その他に、「入力ゲート」「出力ゲート」「忘却ゲート」とよばれる変数によって情報の伝達をあえて切り落とす仕組みも導入されています。TensorFlow では、`tf.keras.layers.SimpleRNN` を `tf.keras.layers.LSTM` に変えることで、LSTM を使うことができます。

●GRU

　GRU は、LSTM を少しシンプルにしたモデルです。LSTM にある「セル」がありません。その代わり、「更新ゲート」と「リセットゲート」というものがあり、$\boldsymbol{z}_{n-1}$ から $\boldsymbol{z}_n$ の計算を調整するようになっています（詳細は省略します）。TensorFlow では、`tf.keras.layers.SimpleRNN` を `tf.keras.layers.GRU` に変えることで、GRU を使うことができます。

●双方向 RNN

　上で述べた問題の直接的な解決策ではないのですが、$\boldsymbol{z}_1 \to \boldsymbol{z}_2 \to \cdots \to \boldsymbol{z}_N$ の方向だけでなく、$\boldsymbol{z}_N \to \cdots \to \boldsymbol{z}_2 \to \boldsymbol{z}_1$ の方向にも情報を伝えることも

有効です。前者の向きの RNN を**順方向RNN**、後者の向きの RNN を**逆方向RNN**といいます。この二つを統合したのが**双方向RNN**です（**図 4.9**）。音楽の場合、「最後の音をドにするために、その一つ前の音をレにする」のような場合もよくあるので、逆方向の RNN も使うというアイディアは、なかなか有用そうです。TensorFlow では、

```
model.add(tf.keras.layers.SimpleRNN(
    128, input_shape=(seq_length, input_dim), use_bias=True,
    activation="tanh", return_sequences=True))
```

を

```
model.add(tf.keras.layers.Bidirectional(
    tf.keras.layers.SimpleRNN(
        128, use_bias=True,
        activation="tanh", return_sequences=True),
    input_shape=(seq_length, input_dim)))
```

に変えることで RNN を双方向化することができます（`SimpleRNN` ではなく `LSTM` や `GRU` でも同様にできます）。

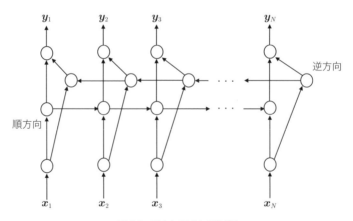

図 4.9　双方向 RNN の模式図

4.6 研究事例紹介：DeepBach

　DeepBach[3]は、RNNを用いて四声体和声を生成するモデルです。2016年に発表され、当時は業界ではかなり話題になりました。本章で作成したプログラムは、ソプラノを入力、アルトを出力にしたのに対し、DeepBachは全パートが生成対象です。ただし、設定次第ではソプラノを人手で与えて残りのパートを自動生成するという使い方も可能です。

　では、具体的に本章のモデルと何が違うのかを見ていきましょう。まず、データ表現。本章のモデルは 8 分音符ごとにデータ化していたのに対し、DeepBach は 16 分音符ごとになっています。もう一つ大きな違いが「継続」を表す記号「＿」の導入です。本章では、たとえば「ドー」という音を「ドド」のように分割していましたが、DeepBach では「ド ＿」のように、直前の音が継続していることを表す記号を入れています。

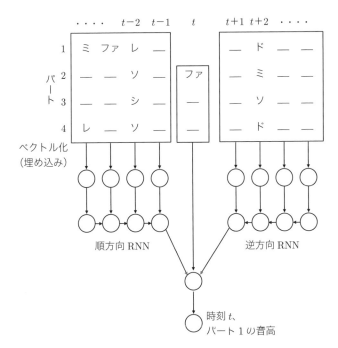

図 4.10　DeepBach のモデルの模式図。原著論文を参考に筆者が簡略化して作成

---

*3　Gaëtan Hadjeres, François Pachet, and Frank Nielsen: DeepBach: a Steerable Model for Bach Chorales Generation, Proceedings of Machine Learning Research, 2017. http://proceedings.mlr.press/v70/hadjeres17a.html

ニューラルネットワークのモデルは、本章のものとは大きく異なります。DeepBach のモデルの模式図を図 **4.10** に示します。時刻 t $(= 1, \ldots, T)$、パート i $(= 1, \ldots, 4)$ の音符を決める際には、

- 時刻 $1, 2, \ldots, t-1$ の音符列を順方向の RNN でモデル化したもの
- 時刻 $T, T-1, \ldots, t+1$ の音符列を逆方向の RNN でモデル化したもの
- 時刻 t におけるパート i 以外の音符情報

を用います。この三つの情報が多層パーセプトロンに入力されて softmax 関数によってどの音符を選ぶべきかを出力します。このモデルに基づいて時刻 t、パート i の音符を決める処理を、t と i をランダムに変えて何度も繰り返すことで、1 曲分の音符列を生成します。

GitHub にコードがあります[*4]ので、ぜひ実行してみてください。

4.7 本章のまとめ

本章では、次のことを学びました。

- 時系列データを扱う場合、時刻 $n-1$ の中間層を時刻 n の中間層に入力させることで、時間変化を考慮できるようにする。このようなモデルを**リカレントニューラルネットワーク**（RNN）という。
- 入力や出力に、どこか 1 箇所が 1 で残りが 0 の値を取る**one-hot ベクトル**がよく用いられる。出力が one-hot ベクトルの場合、活性化関数には**softmax関数**、損失関数には**多クラス交差エントロピー**を用いる。
- RNN の改良版として**GRU**や**LSTM**がある。逆方向の RNN と組み合わせて**双方向RNN**を構成することもよく行われている。

本章では、メインのメロディ（ソプラノ）が入力されて、そのハモリ（アルト）を生成することを考えました。次の章では、メインのメロディを生成することを考えます。

---

*4 https://github.com/Ghadjeres/DeepBach

演習

1. GRUやLSTMを用いたり、双方向RNNを用いることで、生成結果がどのように変化するか試してみましょう。

2. ステップ数（時系列の要素数）を64（8分音符を8小節分）にしましたが、128（8分音符を16小節分）に変更して試してみましょう（プログラム中のどこを変更すればよいか考えてみましょう）。

3. 本章の例題では、ソプラノのメロディを入力し、アルトのメロディを出力することにしましたが、`read_midi`関数を書き換えれば、バスのメロディを入力にしてソプラノのメロディを出力するなど、入力・出力のパートを変更することができます。これを試してみましょう。

4. 本章の例題では、第2章と同様にハ長調またはハ短調に移調して学習・生成を行いました。この移調がない場合、さまざまな調のメロディが混在することになるので、学習・生成の質が下がることが予想されます。`read_midi`関数における`transpose_to_c`関数の呼び出しをコメントアウトし、学習・生成結果がどのように変化するか試してみましょう。

5. 4. に対して、中間層のノード数、エポック数、バッチサイズを調整することで、ハ長調またはハ短調に移調しない場合でもそれなりの生成結果が得られるようになるか試してみましょう。

　筆者のような研究をしていると、他分野の研究者仲間から必ずいわれること
があります。それは、生成結果をどうやって評価するのか、ということです。
このことは、確かに大問題です。なぜなら、「唯一の正解」が存在しないから
です。

　よくあるのは、**客観評価と主観評価の合わせ技**で評価するというものです。
客観評価とは、機械的に計算できる指標に基づいて評価することをいいます。
「正解との一致率」は、その代表的なものといえます。もちろん、正解は音楽家
が実際に作曲した結果ですから、正解との一致率が高ければ音楽的に正しいの
は当然です。しかし、よく考えてみてください。ソプラノパートのメロディだ
けが与えられたときに、誰かが作曲したアルトパートのメロディをピッタリと
当てることができるでしょうか。音楽の特徴である「正解は一つではない」と
いうことを考えれば、そんなことはできないのがわかるでしょう。実際、本章
で試したRNNによるハモリパート生成では、正解との一致率は40%程度でし
た。なので、評価指標としてこれだけに頼るわけにはいかなさそうです。

　そこで、他の方法を考えることにしましょう。たとえば「不協和音が何個あ
るか数える」などの方法です。基本的には、不協和音は少ない方が望ましいは
ずです。別のコラムで述べたように、ある音に対して不協和音を生み出す音が
どれかは客観的に求めることができます。そこで、不協和音を生む音の組み合
わせが何個出力されたかを数えます。しかし、この方法にも問題がないわけで
はありません。不協和音は、ジャンルによってはない方がいいわけではないの
です。たとえば、ジャズにおける煌びやかでおしゃれな響きは、不協和な音を
うまく混ぜることで実現しています。ブルースだともっと直接的に不協和な音
を使いますが、それがブルースらしさになっていたりします。

　このように、客観評価にはどうしても問題が残ります。そのため、結局**主観
評価**も併用して実施することになります。主観評価は実際に評価者が聴いて評
価するので直接的でいいのですが、評価できるだけの音楽的な素養のある人に
依頼しないといけないので、コスト（謝礼金など）と手間がかかってしまいま
す。そのため、客観評価を通じて試行錯誤を何度も行い、自分でも聴いてみて
問題なさそうだと確信してから、専門家に主観評価を依頼するという形が一般
的かと思います。

第5章 メロディのデータ圧縮で学ぶオートエンコーダ

前章では、メロディが与えられてそれにハモリパートを付けるという問題を扱いました。ここからは、メロディそのものを生成することを考えたいと思います。とはいっても、急に新しいメロディを作り出すというのは少しハードルが高すぎます。そこで、本章では、メロディを d 次元ベクトルに変換し、そのメロディを復元するという問題を扱います。これが「メロディのデータ圧縮」です。いまいち何がうれしいのかわかりにくいかもしれませんが、次の章で扱う「メロディモーフィング」につながる話です。世の中にまだ存在しない新しいメロディの生成に取り組む気持ちを抑えて、メロディのデータ圧縮に取り組みましょう。

5.1 本章のお題：メロディを一つのベクトルに圧縮する

本章で扱うお題は、メロディのデータが与えられたときに、それを一つの d 次元ベクトルに圧縮することです。メロディをピアノロール2値行列で表すとすると、1と0が縦横にずらーっと並ぶことになります。これを、たとえば $(-1.2, 0.3, 0.8, 1.7)$ のように四つの値（つまり、一つの4次元ベクトル）で表すことを考えましょう（**図5.1**）。ここで大事なことは、この四つの値に変換しても、元のメロディに戻すことができるということです（そうでないと、単にでたらめに数値を当てはめればいいことになってしまいます）。

このように、メロディのような複雑な構造をもつデータを一つのベクトルに変換する技術は、いろいろな場面に応用できるため、よく登場します。d 次元の空間があり、そこにどんどんメロディを埋め込んでいく様子を思い浮かべるといいでしょう。d 次元空間にメロディを埋め込むのは、メロディを覚えること、そこからメロディを復元するのは、メロディを思い出すことと考えるとわかりやすいでしょうか。

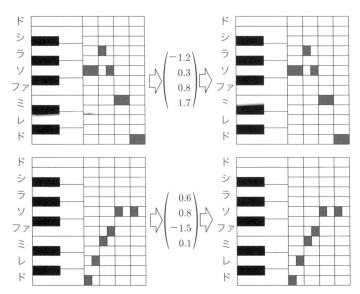

図 5.1　メロディのデータ圧縮のイメージ。メロディを d 次元ベクトル（ここでは 4 次元ベクトル）に圧縮し、そこから元のメロディに復元している。

🐦 ♪ Column　　　　　　　　**ベクトルと空間**

　数値を d 個並べたものを **d 次元ベクトル**といいますが、これは **d 次元空間の点の座標である**と考えることができます。3 次元の場合を考えましょう。$a = (2.0, 3.0, 1.0)$ は、**図 5.2** における点の座標と考えることができます。4 次元以上の空間は我々の目で見ることはできませんが、数学的には 2 次元空間（平面）や 3 次元空間と同じように考えることができます。見ることができない空間を想像するのは大変かもしれませんが、ベクトルを単なる数値の羅列ではなくイメージでとらえられるようになるといいですね。

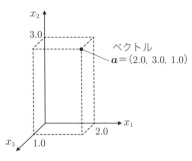

図 5.2　3 次元ベクトル $a = (2.0, 3.0, 1.0)$ は 3 次元空間内の 1 点に対応する。

5.2 どう解くか：データ圧縮をニューラルネットで

　数多くの値が並んだ（高次元の）データを、いくつかの値が並んだ（低次元の）データに変換する処理は、ちょっとした工夫をすれば多層パーセプトロンで簡単に実現できます。ちょっとした工夫とは、次の二つです。

- 中間層のノード数を入力層や出力層よりも少なく設定する
  （入力層と出力層はノード数を揃える）
- 学習時に入力層と出力層に同じデータを与える

　図 5.3 を見てください。入力データが 4 次元ベクトル $x = (x_1, x_2, x_3, x_4)$ であるとしましょう。入力層から中間層に矢印がつながっていますが、中間層はノードが少ない（ここでは二つ）ことに注意してください。この計算により、入力データ x は 2 次元ベクトル $z = (z_1, z_2)$ に圧縮されます。中間層からは出力層に矢印が伸びています。出力層はノードが四つ（つまり 4 次元ベクトル）になっています。入力データ $x = (x_1, x_2, x_3, x_4)$ と出力データ $y = (y_1, y_2, y_3, y_4)$ が等しくなるようにニューラルネットワークを学習するため、4 次元のデータを 2 次元に圧縮してそれを 4 次元に戻すことができるのです。

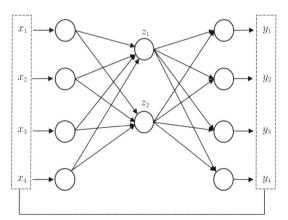

x_i と y_i を一致させる

図 5.3　ニューラルネットワークを用いたデータ圧縮の考え方。中間層のノード数が少ない状態で、出力層に入力層と同じ値が現れるようにニューラルネットワークを学習できれば、少ないノードから同じデータを再現できたということになり、データ圧縮ができたということができる。

5.3 ざっくり学ぼう：オートエンコーダ

オートエンコーダ（autoencoder）は、まさに前節で説明した原理で、多次元のデータから低次元のデータ表現を抽出する手法です。入力層から中間層への計算によって次元を減らす部分を**エンコーダ**（encoder）、中間層から出力層への計算によって元のデータに戻す部分を**デコーダ**（decoder）といいます（**図 5.4**）。

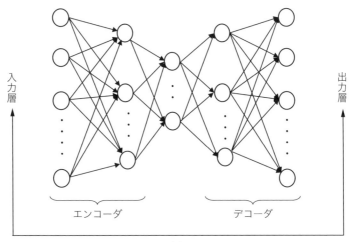

図 5.4　オートエンコーダの模式図

エンコーダとデコーダに RNN を使うことで、入出力に時系列データを用いることもできます（**図 5.5**）。この場合、次のようなモデルを組むことになります。

1. 入力の時系列 $[x_1, x_2, \ldots, x_N]$ から RNN で $[y_1, y_2, \ldots, y_N]$ を生成する（ただし、実際に使うのは y_N のみ）。
2. y_N をより次元の低いベクトル z に変換する。
3. z を入力として、$[x'_1, x'_2, \ldots, x'_N]$ を RNN で出力する。
   x'_n は元の x_n にできるだけ一致するように学習するものとする。

このようにモデルを組み、入力データと出力データに同じものを与えて学習することで、時系列を低次元のベクトルに圧縮することができます。

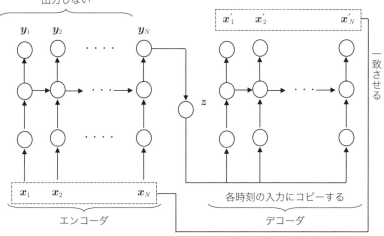

図 5.5 時系列データを入力・出力とするオートエンコーダ。エンコーダ部とデコーダ部のそれぞれに RNN を用いている。

5.4 コードを書いて試してみよう

5.4.1 Google Colaboratory で MIDI データを読み込む

前章と同様に、新しい Google Colaboratory ノートブックを開いて、MIDI データを読み込みましょう。コードは前章と同じです。4.4.1 項〜4.4.7 項までのコードを順番に実行しましょう。

なお、本章ではアルトパートは使いませんので、y_train や y_test は使いませんが、読み込んで害があるわけではないので、このままにしてあります。

5.4.2 TensorFlow でエンコーダ部を実装する

TensorFlow でオートエンコーダを構築していきますが、ここではまず、エンコーダ部を実装しましょう。エンコーダ部は、ピアノロール 2 値行列が与えられたら、それを d 次元ベクトルに変換します。そこで、中間層で LSTM 層を置き、出力層には d 個のノードからなる層を置きます。

```python
1    import tensorflow as tf
2
3    seq_length = x_train.shape[1]     # 時系列の長さ（時間方向の
4                                      # 要素数)
5    input_dim = x_train.shape[2]      # 入力の各要素の次元数
6    encoded_dim = 16     # 何次元ベクトルに圧縮するか
7    lstm_dim = 1024      # RNN（LSTM）層の隠れノード数
8
9    # エンコーダ部として、空のモデルを作る
10   encoder = tf.keras.Sequential()
11   # RMM（LSTM）層を作ってモデルに追加する
12   encoder.add(tf.keras.layers.LSTM(
13       lstm_dim, input_shape=(seq_length, input_dim),
14       use_bias=True, activation="tanh",
15       return_sequences=False))
16   # 出力層（ノード数は encoded_dim）を作ってモデルに追加する
17   encoder.add(tf.keras.layers.Dense(
18       encoded_dim, use_bias=True, activation="linear"))
19   # モデルの構造を画面出力する
20   encoder.summary()
```

実行結果

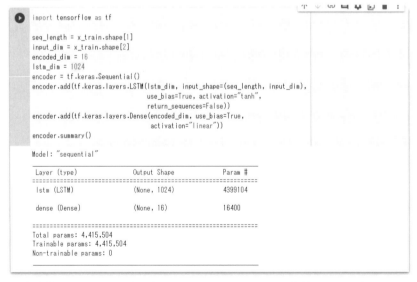

変換後のベクトルの次元数を `encoded_dim` という変数に入れてあります。

この場合は、ピアノロール 2 値行列が 16 次元ベクトルに変換されます。16次元ベクトルということは実数が 16 個ですので、あまり圧縮されているようには感じないかもしれません。もちろん、`encoded_dim` の値を小さくすることはできますが、その分数百個のメロディを（精度良く復元できるように）変換するのは難しくなります。

`tf.keras.layers.LSTM` に `return_sequences=False` という引数があります。これは、最後の時刻の値しか出力しないというオプションです。エンコーダ部は、メロディを一つのベクトルに落とし込むことであり、出力は時系列ではないので False にしています。

出力層の `tf.keras.layers.Dense` では、活性化関数に `linear` が指定されています。これは**恒等関数**といって何も変換しない関数（つまり $s(x) = x$）です。他の関数を指定しても構いませんが、そうすると値の範囲が限られてしまうので[*1]、それが嫌なときには恒等関数を使うのが一つの方法です。

5.4.3 デコーダ部を実装する

次にデコーダ部を実装しましょう。デコーダ部は、一つのベクトルが入力され、そこからピアノロール 2 値行列を出力します。次のようなコードになります。

コード 5.2 デコーダ部を実装する

```
1  # デコーダ部として、空のモデルを作る
2  decoder = tf.keras.Sequential()
3  # 後段の RNN（LSTM）に入力できるように、
4  # 入力層のベクトルを繰り返して時系列化する
5  decoder.add(tf.keras.layers.RepeatVector(
6      seq_length, input_dim=encoded_dim))
7  # RNN（LSTM）層を作ってモデルに追加する
8  decoder.add(tf.keras.layers.LSTM(
9      lstm_dim, use_bias=True, activation="tanh",
10     return_sequences=True))
11 # 出力層を作ってモデルに追加する
12 # （ノード数はエンコーダ部の入力層に合わせる）
13 decoder.add(tf.keras.layers.Dense(
14     input_dim, use_bias=True, activation="softmax"))
15 # モデルの構造を画面出力する
16 decoder.summary()
```

[*1] シグモイド関数は 0 以上 1 以下、tanh 関数は -1 以上 1 以下、ReLU 関数は 0 以上の範囲に変換されます。

```
decoder = tf.keras.Sequential()
decoder.add(tf.keras.layers.RepeatVector(seq_length,
                                input_dim=encoded_dim))
decoder.add(tf.keras.layers.LSTM(lstm_dim, use_bias=True,
                                activation="tanh",
                                return_sequences=True))
decoder.add(tf.keras.layers.Dense(input_dim, use_bias=True,
                                activation="softmax"))
decoder.summary()
```

```
Model: "sequential_1"

Layer (type)                 Output Shape              Param #
=================================================================
repeat_vector (RepeatVector  (None, 64, 16)            0
)

lstm_1 (LSTM)                (None, 64, 1024)          4263936

dense_1 (Dense)              (None, 64, 49)            50225

=================================================================
Total params: 4,314,161
Trainable params: 4,314,161
Non-trainable params: 0
```

今回新しく登場したのが RepeatVector です。RNN は入力が時系列でないといけません。そこで、入力を時系列にするために、入力されたベクトルをリピートしています。

それ以外は、特に目新しいところはありませんが、`tf.keras.layers.LSTM` における `return_sequences` が True になっていることに注意してください。デコーダ部は出力が時系列だからです。

出力層の `kf.keras.layers.Dense` では、活性化関数に softmax 関数を指定しています。これは、出力が時刻ごとの one-hot ベクトルだからです。

5.4.4 エンコーダ部とデコーダ部をドッキングさせて学習する

エンコーダ部とデコーダ部がそれぞれできあがりましたので、これらをドッキングさせてオートエンコーダを完成させます。ドッキングさせたモデルを作るには、次のコードを実行します。

コード 5.3 エンコーダ部とデコーダ部をドッキングさせる

```
1   # 入出力を次のように定義したモデルを作る
2   # 入力：エンコーダ部の入力
3   # 出力：エンコーダ部の出力をデコーダ部に入力して得られる出力
4   model = tf.keras.Model(encoder.inputs,
5                       decoder(encoder.outputs))
```

```
6    # モデルの最後の設定を行う
7    model.compile(optimizer="adam",
8                      loss="categorical_crossentropy",
9                      metrics="categorical_accuracy")
10   # モデルの構造を画面出力する
11   model.summary()
```

実行結果

```
model = tf.keras.Model(encoder.inputs, decoder(encoder.outputs))
model.compile(optimizer="adam", loss="categorical_crossentropy",
              metrics="categorical_accuracy")
model.summary()

Model: "model"

Layer (type)                Output Shape            Param #
=================================================================
lstm_input (InputLayer)     [(None, 64, 49)]        0

lstm (LSTM)                 (None, 1024)            4399104

dense (Dense)               (None, 16)              16400

sequential_1 (Sequential)   (None, 64, 49)          4314161

=================================================================
Total params: 8,729,665
Trainable params: 8,729,665
Non-trainable params: 0
```

sequential_1 というのはデコーダ部のモデルを指します。lstm_input の後にエンコーダ部の lstm と dense と同じものがあり、その後に sequential_1 がつながっているところから、エンコーダ部とデコーダ部がドッキングされたモデルができていることがわかります。

ここまできたら、fit メソッドで学習を開始するのは、これまでと同じです。ただし、これまでと違う点が一つあります。それは、第1引数と第2引数の両方が x_train だということです。すでに説明したように、オートエンコーダでは入力したデータと同じデータを出力するように学習します。第2引数に第1引数と同じものを指定することで、「同じものを出力」というのを実現しています。

コード 5.4　モデルを学習する

```
1    # x_train の各要素を入力したら同じものが出力されるようにモデルを
     学習する
2    model.fit(x_train, x_train, batch_size=32, epochs=1000)
```

```
model.fit(x_train, x_train, batch_size=32, epochs=1000)

Epoch 1/1000
8/8 [==============================] - 3s 44ms/step - loss: 3.4756 - categorical_accuracy: 0.1461
Epoch 2/1000
8/8 [==============================] - 0s 42ms/step - loss: 2.7656 - categorical_accuracy: 0.1361
Epoch 3/1000
0/0 [==------------]==========================] - 0s 42ms/step - loss: 2.6647 - categorical_accuracy: 0.1836
Epoch 4/1000
8/8 [==============================] - 0s 42ms/step - loss: 2.6456 - categorical_accuracy: 0.1779
Epoch 5/1000
8/8 [==============================] - 0s 42ms/step - loss: 2.6429 - categorical_accuracy: 0.1727
Epoch 6/1000
8/8 [==============================] - 0s 42ms/step - loss: 2.6465 - categorical_accuracy: 0.1886
Epoch 7/1000
8/8 [==============================] - 0s 42ms/step - loss: 2.6295 - categorical_accuracy: 0.1724
Epoch 8/1000
8/8 [==============================] - 0s 42ms/step - loss: 2.6242 - categorical_accuracy: 0.1856
Epoch 9/1000
8/8 [==============================] - 0s 42ms/step - loss: 2.6254 - categorical_accuracy: 0.1837
Epoch 10/1000
8/8 [==============================] - 0s 42ms/step - loss: 2.6261 - categorical_accuracy: 0.1741
Epoch 11/1000
8/8 [==============================] - 0s 42ms/step - loss: 2.6268 - categorical_accuracy: 0.1864
Epoch 12/1000
8/8 [==============================] - 0s 42ms/step - loss: 2.6213 - categorical_accuracy: 0.1866
```

エポックごとに categorical_accuracy が表示されます。もしもこれが 0.97 であれば、与えられた学習データ（240 曲ぐらいあるはずです）をそれぞれ d (=16) 次元ベクトルに圧縮してピアノロールに復元したときに、元のピアノロールと 97%一致したことを表しています[*2]。

5.4.5 テストデータに対して圧縮・復元の精度を評価する

次に、学習データに対して圧縮・復元したときに、どの程度元のデータに戻るかを評価しましょう。次のコードを実行します（学習時と同様、第 1 引数と第 2 引数がどちらも x_test であることに注意しましょう）。

コード 5.5　テストデータに対して精度を評価する

```
1    model.evaluate(x_test, x_test)
```

実行結果

```
model.evaluate(x_test, x_test)

8/8 [==============================] - 1s 15ms/step - loss: 3.5432 - categorical_accuracy: 0.4561
[3.5432093143463135, 0.45609816908836365]
```

精度はそれほど高くないと思います。筆者が試したときは、上図のように 45%程度でした。

[*2]　運が悪いと categorical_accuracy が 70%ぐらいで終わってしまう場合があります。そんなときは fit メソッドをもう一度実行しましょう。

学習データに対する圧縮・復元を目と耳で確認する

　精度が数値で表示されても、あまりピンとこないと思います。そこで、実際にメロディの圧縮・復元を行い、その結果が元のメロディとどのぐらい一致するかを目と耳で確かめましょう。

　まずは、学習データに対して行いましょう。全学習データのそれぞれに対してエンコーダ部を適用して d 次元ベクトルに圧縮し、デコーダ部を適用してピアノロール 2 値行列に復元する処理は、次のようにして行います。

コード 5.6　学習データに対して圧縮・復元を行う

```
1  # x_train の各要素をエンコーダ部に入力する
2  # （それぞれ 16 次元ベクトルが得られる）
3  z = encoder.predict(x_train)
4  # z の各要素をデコーダ部に入力してメロディを再構築する
5  x_new = decoder.predict(z)
```

　次に、1 曲選んで圧縮された 16 次元ベクトルの数値を出力した後、元のピアノロールと圧縮・復元後のピアノロールを描画して比較してみましょう。次のコードを実行します。

コード 5.7　最初のメロディに対して復元結果を確認する

```
1  # 学習データからメロディを一つ選ぶ（ここでは最初のもの）
2  k = 0
3  print(z[k])
4  # 入力メロディを聴けるようにする
5  show_and_play_midi([x_train[k, :, 0:-1]], "input.mid")
6  # 再構築されたメロディを聴けるようにする
7  show_and_play_midi([x_new[k, :, 0:-1]], "output.mid")
```

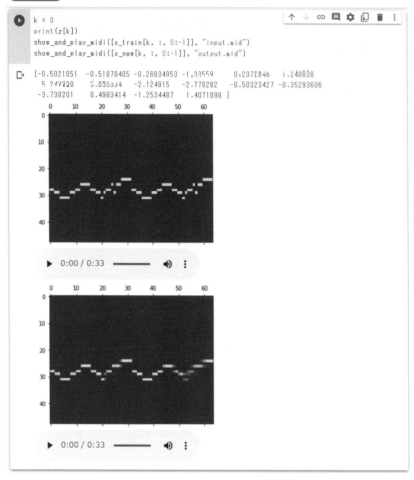

　上が元のメロディのピアノロール、下が復元したメロディのピアノロールです。二つのピアノロールの下にそれぞれ再生ボタンがありますので、耳でも確かめてみましょう。学習時に出力された categorical_accuracy が十分に高ければ、ほぼ同じメロディが復元されているはずです。

　k の値を変えていろいろと試してみましょう。前章で紹介したように k の値がランダムに決まるようにするのもいいですね。

5.4.7 テストデータに対する圧縮・復元を目と耳で確認する

　次は、テストデータ（つまり学習に使っていないデータ）に対して同じことをしてみましょう。前項とほとんど同じコードですが、x_train が x_test になっています。まずは、エンコーダ部とデコーダ部を動かしてみましょう。次のコードを実行します。

コード 5.8　テストデータに対して圧縮・復元を行う

```
1   # x_test の各要素をエンコーダ部に入力する
2   # （それぞれ 16 次元ベクトルが得られる）
3   z = encoder.predict(x_test)
4   # z の各要素をデコーダ部に入力してメロディを再構築する
5   x_new = decoder.predict(z)
```

　1 曲選んで圧縮・復元前と後のメロディを描画・再生するのも試しましょう。次のコードを実行します。

コード 5.9　最初のメロディに対して復元結果を確認する

```
1   # テストデータからメロディを一つ選ぶ
2   k = 0
3   print(z[k])
4   # 入力メロディを聴けるようにする
5   show_and_play_midi([x_test[k, :, 0:-1]], "input.mid")
6   # 再構築されたメロディを聴けるようにする
7   show_and_play_midi([x_new[k, :, 0:-1]], "output.mid")
```

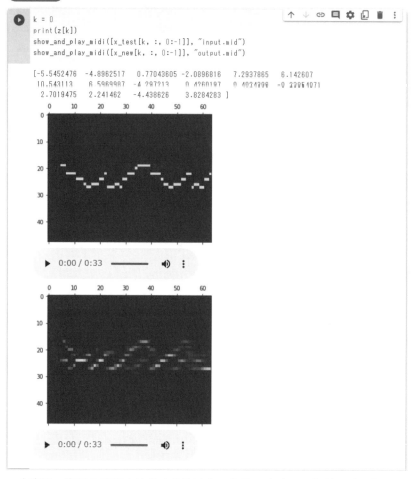

```
k = 0
print(z[k])
show_and_play_midi([x_test[k, :, 0:-1]], "input.mid")
show_and_play_midi([x_new[k, :, 0:-1]], "output.mid")
```

```
[-5.5452476   -4.8962517    0.77043605  -2.0896816    7.2937865    6.142607
 10.543113     6.5969987   -4.297213    0.4260197    0.4024208   -0.22051071
  2.7019475    2.241462    -4.438626    3.8284283 ]
```

　今度は、復元の正確さはあまり高くないと思います。これは、オートエン
コーダを学習する際に使用されていないメロディだからです。もちろん、た
またま学習データにあるメロディにすごく似ていれば、正確に復元できるこ
ともあると思います。元のメロディとは違うけど格好いいメロディが出てき
たら、それはそれで面白いですね。

5.5 もう少し深く

5.5.1 データ圧縮を可視化に使う

本章でメロディを d 次元ベクトルに圧縮しましたが、これは何に役立つのでしょうか。もしも d が 2 か 3 であれば、メロディの分布を可視化するのに使えます。早速試してみましょう。まず、コード 5.1 の encoded_dim = 16 を encoded_dim = 3 に変更して、5.4.1 項から 5.4.4 項までのコードをもう一度実行しましょう。次に、学習に用いたデータをオートエンコーダに入力することで、各メロディの 3 次元ベクトルを取得しましょう。

コード 5.10　学習に使った各メロディを 3 次元ベクトルに変換する

```
1   # x_train の各要素を 3 次元ベクトルに変換する
2   z = encoder.predict(x_train)
```

この 3 次元ベクトルを図示するわけですが、単に図示するだけでは面白くないので、長調のメロディは赤色で、短調のメロディは青色で図示してみましょう。次のコードを実行します。

コード 5.11　得られた 3 次元ベクトルを長調・短調で色分けして図示する

```
1   import matplotlib.pyplot as plt
2   from mpl_toolkits.mplot3d.axes3d import Axes3D
3
4   # 図の描画用オブジェクトを生成する
5   fig = plt.figure()
6   # 3D 描画ライブラリーのオブジェクトを生成する
7   ax = fig.add_subplot(111, projection='3d')
8   # 学習データのそれぞれに対して長調か短調かの情報を得る
9   key_train = np.array(keymodes)[i_train]
10  # z から長調の楽曲の分だけを抜き出す
11  z_maj = z[key_train[:, 0] == 0, :]
12  # z から短調の楽曲の分だけを抜き出す
13  z_min = z[key_train[:, 0] == 1, :]
14  # z_maj の各要素を赤点で描画する
15  ax.scatter(z_maj[:, 0], z_maj[:, 1], z_maj[:, 2], c='red')
16  # z_min の各要素を青点で描画する
17  ax.scatter(z_min[:, 0], z_min[:, 1], z_min[:, 2], c='blue')
18  plt.show()
```

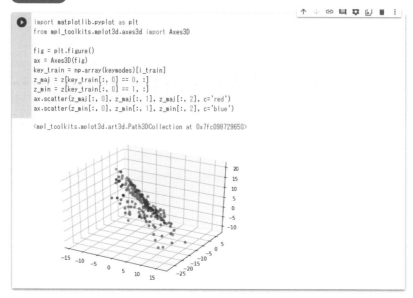

```
import matplotlib.pyplot as plt
from mpl_toolkits.mplot3d.axes3d import Axes3D

fig = plt.figure()
ax = Axes3D(fig)
key_train = np.array(keymodes)[i_train]
z_maj = z[key_train[:, 0] == 0, :]
z_min = z[key_train[:, 0] == 1, :]
ax.scatter(z_maj[:, 0], z_maj[:, 1], z_maj[:, 2], c='red')
ax.scatter(z_min[:, 0], z_min[:, 1], z_min[:, 2], c='blue')
```

```
<mpl_toolkits.mplot3d.art3d.Path3DCollection at 0x7fc098729650>
```

　紙面上は色の違いは見ることができませんが、実行してみると色分けされているのがわかると思います。今回は長調・短調で色分けしましたが、もしも作曲者や作曲された年代などの情報があれば、それらの情報で色分けして図示してみるのも面白いでしょう。

5.5.2　いろいろなオートエンコーダ

　本章では、エンコーダ部とデコーダ部に RNN（LSTM）を用いることで、時系列（メロディ）を d 次元ベクトル（d 次元空間の 1 点）に圧縮するということを行いました。これは、すでにオートエンコーダのちょっとした応用編になっています。Hinton という研究者が 2006 年に提案したオートエンコーダでは、画像の全ピクセルを 1 列に並べてできた多次元ベクトルを入力および出力にしていました。つまり、RNN を組み合わせて時系列を扱うモデルではありませんでした。

　オートエンコーダの考え方と第 4 章で学んだ RNN を組み合わせることで、時系列のデータ圧縮ができることを我々がすでに学んだように、他のモデルと柔軟に組み合わせることができます。ここでは、そのいくつかを紹介しましょう。

●畳み込みオートエンコーダ

第7章で学ぶ**畳み込みニューラルネットワーク**（CNN）をエンコーダ部とデコーダ部に採用したモデルです。画像からの特徴抽出でよく用いられます。畳み込みオートエンコーダを使うことで、中間層にエッジのような意味のある特徴が現れるといわれています。

●デノイジング・オートエンコーダ

デノイジング（denoising）とは、ノイズを消すことです。普通のオートエンコーダでは、入力層（エンコーダ部の入力）と出力層（デコーダ部の出力）には同じデータを与えます。入力されたデータが復元されるようにデータ圧縮を行うのが目的だからです。一方、デノイジング・オートエンコーダでは、入力データにあえてノイズを加えます（出力データには加えません）。つまり、ノイズありのデータを入力するとノイズなしのデータを出力するように、オートエンコーダを学習します。このようにしてノイズ除去を実現しましょう、というのが**デノイジング・オートエンコーダ**です。

> ### Column　教師付き学習と教師なし学習
>
> 第4章のハモリパート生成の学習では、入力されるソプラノのメロディに対して出力すべきアルトのメロディの正解が与えられていました。このような正解データを**教師信号**と呼びます。そして、教師信号を使って行う学習を**教師付き学習**といいます。一方、本章で学んだメロディのデータ圧縮では、どのメロディがどんな d 次元ベクトルに圧縮されるべきなのか、つまり、圧縮後のベクトルの正解は与えられていません。圧縮後のベクトルからメロディが再生成できるように、ということだけを守って学習を行います。このように、教師信号が与えられない状態での学習を**教師なし学習**といいます。画像処理で例えるなら、この画像は犬、あの画像は猫ということを教えてもらって学習するのが教師付き学習、そういう情報なしに、「この画像とあの画像は（何の動物かはわからないけど）異なる動物だ」と学習するのが教師なし学習です。教師付き学習の方が、学習してほしいことを直接指定することができますが、教師信号を全データに用意するという手間が発生します。そのため、大量のデータを教師なしで学習した後に、少量の教師信号付きデータで教師付き学習を行う、なんてことも試されています。

5.6 本章のまとめ

本章では、次のことを学びました。

- 中間層が入力層や出力層よりもノード数が少ない多層パーセプトロンを用意し、入力層と出力層に同じデータを与えて学習すると、データ圧縮を実現できる。
- この考え方で作られたモデルを**オートエンコーダ**という。入力層から中間層の計算がデータの圧縮にあたり**エンコーダ部**、中間層から出力層の計算がデータの復元（再構築）にあたり**デコーダ部**と呼ぶ。
- エンコーダ部とデコーダ部には RNN を採用することができる。そうすることにより、時系列データを一つのベクトルに圧縮し、時系列データに復元することができる。

次章では、オートエンコーダの発展版とも解釈できる変分オートエンコーダを使って、新しいメロディ作りに挑戦しましょう。

演習

1. 変換後のベクトルの次元数を変えて実験し、どの程度小さくすると学習データに対する復元精度がどう下がるか、そのときのテストデータに対する復元精度はどうか確かめてみましょう。

2. 入力メロディにだけノイズを入れてみましょう。つまり、ノイズ入りのメロディを入力したら、ノイズのないメロディが出力されるオートエンコーダを作ってみましょう。ノイズの入れ方はいろいろと考えられますが、5%の確率[*3] で音高が半音上がり、5%の確率で音高が半音下がるようにしてみましょう（弾き間違って隣の音を出してしまった状態）。これを行うには、すべての音高ベクトルの各々に対して、0.00～1.00 の乱数を取得し、

   - 0.00～0.90 なら何もしない
   - 0.90～0.95 なら、その音高ベクトルの要素が 1 の箇所を探し、

[*3] もちろん「5%」というのは一つの例です。いろいろと変えて試してみましょう。

その次の要素を 1 にする（1 だった箇所は 0 にする）

- 0.95〜1.00 なら、その音高ベクトルの要素が 1 の箇所を探し、その一つ前の要素を 1 にする（1 だった箇所は 0 にする）

とすればいいでしょう。先頭の要素が 1 のときにその一つ前の要素を 1 にできないなど、細かな問題はありますが、その場合はノイズを入れるのをパスしてもいいと思います。このように、ちょっとややこしい方法でメロディにノイズを入れているのは、one-hot ベクトルという性質を維持するためです。

3. 2. で作成したオートエンコーダの復元精度を学習データとテストデータの両方で確かめてみましょう。学習データの復元精度は、モデルに十分な表現能力があればそれなりの値になると思います。一方、テストデータの復元精度は、必ずしも高い値にならないはずです。ただ、元のメロディには復元できないけど、音楽的には妥当なメロディになっていたら、面白いですね[4]。

---

*4 音楽的な妥当さの評価は難しいので省略しますが、自分で聴いてみて妥当かどうか考えてみましょう。

第6章 メロディモーフィングで学ぶVAE

　自分が作曲家で、誰かから依頼されてメロディを作ることになったとしましょう。何の情報も与えずに「ハイ！　メロディを作ってください」といわれても困るでしょう。何かのメロディは作れるでしょうが、依頼者のお気に召すメロディになるかはわかりません。それはそうですよね。どんなメロディを作ってほしいのか一切教えてくれていないわけですから。コンピュータだって事情は同じです。「こんなメロディを作ってほしい」という情報があり、それに基づいてメロディを生成するという手順が必要です。

　本章では、二つのメロディが与えられて、その中間的なメロディを作るという方針を取ることにします。これを「メロディモーフィング」といいます。モーフィングという言葉は聞いたことがありますでしょうか。人の顔の画像が別の人の顔の画像にだんだん変わっていくというアレです。A さんの顔を α%、B さんの顔を $(100 - \alpha)$% 混ぜた顔を作るというのができれば、α を 0 から 100 まで段階的に変えることで、これができますよね。このように、二つのコンテンツをある割合で混ぜて新しいコンテンツを作るというのを、メロディでやろうというわけです。

6.1 本章のお題：中間的なメロディを作る

　本章で扱うお題は、**二つのメロディが与えられて、その中間的なメロディを作り出す**ことです。これを**メロディモーフィング**といいます（**図 6.1**）。メロディというのは実際には、第 4 章や第 5 章と同様に、ピアノロール 2 値行列（に休符要素を付加したもの）を指します。これまでと同様、メロディの長さがバラバラだと扱いづらいので、8 小節に固定しましょう。本書で扱うピアノロール 2 値行列では、音高ベクトルが 8 分音符ごとに並んでますので、全体で音高ベクトルが 64 個並んでいることになります。

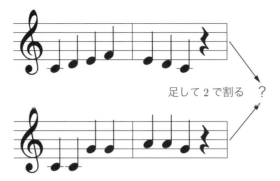

図 6.1　二つのメロディからその中間的なメロディを作ることを「メロディモーフィング」という。

どう解くか：潜在空間の中で内分点を取る

　メロディモーフィングを実現するうえで重要になってくるのが、**潜在空間**という考え方です。メロディのような複雑なデータが二つあっても、その中間を求めるのは容易ではありません。しかし、たとえば 2 次元空間（要は平面）があったとして、(1, 1) と (2, 5) という 2 点の中間を求めるのは簡単です。1:1 に内分するのであれば (1.5, 3) です。つまり、d 次元空間の点と点であれば、その間の点の座標は簡単に求めることができるわけです。そこで、メロディを全部 d 次元空間に押し込めることにします。たとえば、「ソミミー」と「ドレミー」という二つのメロディを 2 次元空間に押し込めたら、「ソミミー」が (1, 1)、「ドレミー」が (2, 5) になったとしましょう。じゃあ、(1.5, 3) に対応するメロディを逆に作ってくれ、ということをします。どんなメロディになるかはわかりませんが、「ソレミー」みたいな感じになるかもしれません（**図 6.2**）。

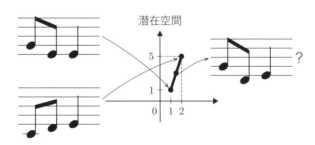

図 6.2　潜在空間を用いたメロディモーフィングの基本的な考え方。既存の二つのメロディを潜在空間の 1 点に押し込んで、その内分点から新しいメロディを作り出す。

このように、ここで扱うメロディというコンテンツの背後に d 次元空間が
あり、すべてのメロディが d 次元空間のどこかの点に対応している、と考え
ます。この d 次元空間のことを**潜在空間**（latent space）といいます。

この章では、たくさんのメロディが与えられたときに、どうやってそれら
を潜在空間に押し込むのか、そして、潜在空間内の点が指定されたときに、
そこからどうやってメロディを作るのか、を考えます。ここで大事なことは、
潜在空間内で近い 2 点から出てくる二つのメロディが似ているべきだという
ことです。そうでないと、二つのメロディが与えられて、潜在空間内でその
内分点を求めてメロディを生成したとしても、中間的なメロディになってい
る保証がないからです。

前章で学んだオートエンコーダを使うと、メロディを d 次元空間のベクト
ルに変換することができます。しかし、似たメロディが潜在空間内で近いと
ころに配置されるような工夫が入っていません。そこで、次に学ぶ VAE とい
うモデルを用います。

6.3 ざっくり学ぼう：変分オートエンコーダ（VAE）

最初にいっておかないといけないことは、**変分オートエンコーダ**（VAE）
自体はオートエンコーダの拡張として提案されたわけではないということで
す。中には、VAE をオートエンコーダの拡張としてとらえることは理解を妨
げるとすら話す人もいます。しかし、あくまで VAE を「使う」人としての
立場で考えれば、VAE をオートエンコーダの拡張としてとらえることは、決
して間違った方法ではないと思います。そこで、あくまで使う人の立場から、
VAE をオートエンコーダの拡張として説明します。

オートエンコーダと VAE の一番の違いは、VAE は一つの入力データを潜
在空間内の 1 点には結び付けない点です。オートエンコーダは、一つの入力
データを潜在空間内の 1 点に結びつけます。たとえば、（潜在空間が 2 次元
だとして）「ドレミー」というメロディが $(1.0, 1.0)$ という点に結び付けられ
たとしましょう。そうすると、点 $(1.0, 1.0)$ からは「ドレミー」というメロ
ディが復元されるように学習されますが、その近く、たとえば $(1.1, 0.8)$ とか
$(0.9, 1.04)$ からどんなメロディが出てくるかは、全くの興味の外です。一方、
VAE では、一つの入力データを潜在空間内の正規分布に結びつけます。たと
えば、「ドレミー」というメロディが、$(1.0, 1.0)$ を中心とする正規分布に結
び付けられたとしましょう。このとき、もちろん $(1.0, 1.0)$ から「ドレミー」

というメロディが復元されるように学習されますが、ある確率で $(1.1, 0.8)$ や $(0.9, 1.04)$ という点が選ばれ、これらの点から「ドレミー」というメロディが復元されるように学習されたりもします。このように、学習のたびに近くの点が選ばれて同じメロディが学習されることで、**互いに近くの点からは、似たメロディが復元されやすい**という特徴を実現しています（**図6.3**）。

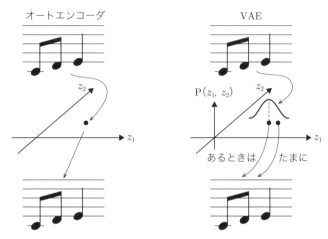

図 6.3　オートエンコーダと VAE の違い。オートエンコーダは、一つの入力と潜在空間の 1 点に結びつけるのに対し、VAE では潜在空間の中の正規分布に結びつける。その正規分布からランダムに 1 点を取り出してデコーダに入力する。このため、各点においてその周りも同じメロディを出力しやすくなる。

6.4 コードを書いて試してみよう

6.4.1 Google Colaboratory で MIDI データを読み込む

Google Colaboratory ノートブックを開いて MIDI データを読み込むところまでは、第 4 章・第 5 章と全く一緒です。4.4.1 項〜4.4.7 項にあるコードを順に実行しましょう。

6.4.2 エンコーダ部を実装する

エンコーダ部は、前章と同様に、ピアノロール 2 値行列が与えられたら、それを d 次元ベクトル（つまり d 次元の潜在空間の 1 点）に変換します。前章（オートエンコーダ）との違いは、直接 d 次元ベクトルに変換するのでは

なく、**正規分布**という分布に変換し、正規分布から d 次元ベクトルを取り出します。たとえていえば、2 次元空間の $(1, 1)$ という座標に直接ボールを置くのがオートエンコーダ、$(1, 1)$ にボール落下マシンを置くのが VAE です。ボール落下マシンから飛び出したボールは $(1, 1)$ に落ちることが多いのですが、このマシンにはそれなりに「ブレ」があり、$(0.9, 1.2)$ だったり $(1.1, 0.85)$ に落ちることもあります。

　実際にエンコーダ部を実装する前に、**事前分布**を準備します。これは、潜在空間の「だいたいこの辺にボールが集まってくれ」という**ゆるやかな制約**を与えるものです。TensorFlow Probability というライブラリを使うのが便利なので、これを使いましょう。次のコードを実行します（正常に実行されれば何も出力されません）。

コード 6.1　事前分布を準備する

```
1   import tensorflow as tf
2   import tensorflow_probability as tfp
3
4   encoded_dim = 16          # 潜在空間の次元数
5   # 事前分布用の正規分布を準備する
6   tfd = tfp.distributions
7   prior = tfd.Independent(
8       tfd.Normal(loc=tf.zeros(encoded_dim), scale=1),
9       reinterpreted_batch_ndims=1)
```

次に、エンコーダ部を実装します。次のコードを実行します。

コード 6.2　エンコーダ部を構築する

```
1   seq_length = x_train.shape[1] # 時系列の長さ（時間方向の要素数）
2   input_dim = x_train.shape[2]   # 入力の各要素の次元数
3   lstm_dim = 1024                # LSTM の隠れ層の次元数
4
5   # 空のモデルを作る
6   encoder = tf.keras.Sequential()
7   # LSTM 層を作ってモデルに追加する
8   encoder.add(tf.keras.layers.LSTM(
9       lstm_dim, input_shape=(seq_length, input_dim),
10      use_bias=True, activation="tanh",
11      return_sequences=False))
12  # 潜在空間内の正規分布を求める層を作ってモデルに追加する
13  encoder.add(tf.keras.layers.Dense(
```

```
14        tfp.layers.MultivariateNormalTriL.params_size(
15            encoded_dim), activation=None))
16    # 正規分布から点を一つ取り出す層を作ってモデルに追加する
17    encoder.add(tfp.layers.MultivariateNormalTriL(
18        encoded_dim,
19        activity_regularizer=tfp.layers.KLDivergenceRegularizer(
20            prior,  weight=0.001)))
21    # モデルの構造を画面出力する
22    encoder.summary()
```

実行結果

```
seq_length = x_train.shape[1]
input_dim = x_train.shape[2]
lstm_dim = 1024
encoder = tf.keras.Sequential()
encoder.add(tf.keras.layers.LSTM(lstm_dim,
                                 input_shape=(seq_length, input_dim),
                                 use_bias=True, activation="tanh",
                                 return_sequences=False))
encoder.add(tf.keras.layers.Dense(
    tfp.layers.MultivariateNormalTriL.params_size(encoded_dim),
    activation=None))
encoder.add(tfp.layers.MultivariateNormalTriL(
    encoded_dim,
    activity_regularizer=tfp.layers.KLDivergenceRegularizer(
        prior,  weight=0.001)))
encoder.summary()

Model: "sequential_1"

Layer (type)                    Output Shape          Param #
=================================================================
lstm_1 (LSTM)                   (None, 1024)          4399104

dense_1 (Dense)                 (None, 152)           155800

multivariate_normal_tri_l_1     ((None, 16),          0
  (MultivariateNormalTriL)        (None, 16))

=================================================================
Total params: 4,554,904
Trainable params: 4,554,904
Non-trainable params: 0
```

　前章（オートエンコーダのエンコーダ部）との大きな違いは、encoder.
add( ) が三つあることです。オートエンコーダでは、一つ目の encoder.
add( ) で LSTM 層を追加し、二つ目の encoder.add( ) で追加した出力
層で、潜在空間内の 1 点の座標（16 次元ベクトル）に変換していました。一
方、本章の VAE では、一つ目の LSTM 層は一緒ですが、二つ目で追加した
層では、正規分布のパラメータ（平均と分散）を求めています。その後、三
つ目の層で、その正規分布から点（ベクトル）を一つ取り出す（上のたとえ
でいえば、ボール落下マシンからボールを取り出す）処理を行っています。

6.4.3 デコーダ部を実装する

デコーダ部は、オートエンコーダと同じです。次のコードを実行しましょう。

コード 6.3 デコーダ部を構築する

```
1   # 空のモデルを作る
2   decoder = tf.keras.Sequential()
3   # 入力層のベクトルを繰り返して時系列化する
4   decoder.add(tf.keras.layers.RepeatVector(
5       seq_length, input_dim=encoded_dim))
6   # LSTM 層を作ってモデルに追加する
7   decoder.add(tf.keras.layers.LSTM(
8       lstm_dim, use_bias=True, activation="tanh",
9       return_sequences=True))
10  # 出力層を作ってモデルに追加する
11  # （ノード数はエンコーダ部の入力に合わせる）
12  decoder.add(tf.keras.layers.Dense(
13      input_dim, use_bias=True, activation="softmax"))
14  # モデルの構造を画面出力する
15  decoder.summary()
```

実行結果

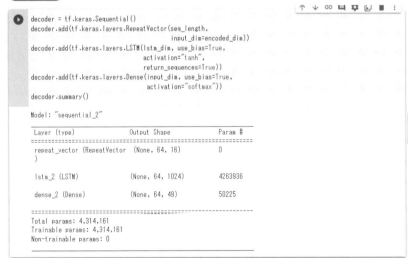

6.4.4 エンコーダ部とデコーダ部をドッキングさせて学習する

エンコーダ部とデコーダ部をドッキングさせてモデルを完成させ、入力と出力に同じデータを与えて学習する点は、前章のオートエンコーダと全く変わりません。まずは、エンコーダ部とデコーダ部をドッキングさせましょう。

コード 6.4　エンコーダ部とデコーダ部をドッキングさせる

```
1   # 入出力を次のように定義したモデルを作る
2   # 入力：エンコーダ部の入力
3   # 出力：エンコーダ部の出力をデコーダ部に入力して得られる出力
4   vae = tf.keras.Model(encoder.inputs,
5                        decoder(encoder.outputs))
6   # モデルの最後の設定を行う
7   vae.compile(optimizer="adam",
8               loss="categorical_crossentropy",
9               metrics="categorical_accuracy")
10  # モデルの構造を画面出力する
11  vae.summary()
```

実行結果

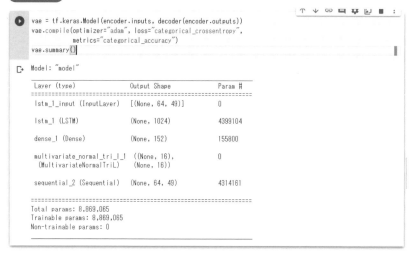

そして、学習を行います。第1引数と第2引数に同じもの（x_train）を与えているところも、前章のオートエンコーダと共通です。

```
1    # x_train の各要素を入力すると同じものが出力されるように
2    # モデルを学習する
3    vae.fit(x_train, x_train, batch_size=32, epochs=1000)
```

実行結果

```
vae.fit(x_train, x_train, batch_size=32, epochs=1000)

Epoch 1/1000
8/8 [==============================] - 9s 48ms/step - loss: 3.6902 - categorical_accuracy: 0.0960
Epoch 2/1000
8/8 [==============================] - 0s 43ms/step - loss: 3.0490 - categorical_accuracy: 0.1271
Epoch 3/1000
8/8 [==============================] - 0s 44ms/step - loss: 2.8827 - categorical_accuracy: 0.1457
Epoch 4/1000
8/8 [==============================] - 0s 44ms/step - loss: 2.7992 - categorical_accuracy: 0.1465
Epoch 5/1000
8/8 [==============================] - 0s 44ms/step - loss: 2.7612 - categorical_accuracy: 0.1685
Epoch 6/1000
8/8 [==============================] - 0s 43ms/step - loss: 2.7240 - categorical_accuracy: 0.1491
Epoch 7/1000
8/8 [==============================] - 0s 44ms/step - loss: 2.6964 - categorical_accuracy: 0.1883
Epoch 8/1000
8/8 [==============================] - 0s 44ms/step - loss: 2.6735 - categorical_accuracy: 0.1806
Epoch 9/1000
8/8 [==============================] - 0s 43ms/step - loss: 2.6543 - categorical_accuracy: 0.1760
Epoch 10/1000
8/8 [==============================] - 0s 44ms/step - loss: 2.6515 - categorical_accuracy: 0.1968
Epoch 11/1000
8/8 [==============================] - 0s 44ms/step - loss: 2.5717 - categorical_accuracy: 0.2157
Epoch 12/1000
8/8 [==============================] - 0s 44ms/step - loss: 2.5368 - categorical_accuracy: 0.2082
```

6.4.5　テストデータを VAE で再生成する

　VAE の構築と学習ができたので、さっそくメロディモーフィングを試したいところですが、その前に、テスト用のメロディを VAE に入力して、それとほぼ同じメロディが出力（再生成）されるかどうかを試してみましょう。

　テスト用のメロディを VAE に入力するには、次のコードを実行します。

コード 6.6　テストデータを VAE に入力する

```
1    # x_test の各要素をエンコーダ部に入力する
2    z = encoder.predict(x_test)
3    # z の各要素をデコーダ部に入力してメロディを再構築する
4    x_new = decoder.predict(z)
```

　x_test には、多くのメロディ（one-hot ベクトルの時系列）が配列として格納されています。たとえば、最初のメロディ（x_test[0]）を VAE に入力して再生成したメロディは x_new[0] に入っています。そこで、これを MIDI データに変換して聴いてみましょう。

```
1    # テストデータからメロディを一つ選ぶ（ここでは最初のもの）
2    k = 0
3    # 入力メロディを聴けるようにする
4    show_and_play_midi([x_test[k, :, 0:-1]], "input.mid")
5    # 再構築されたメロディを聴けるようにする
6    show_and_play_midi([x_new[k, :, 0:-1]], "output.mid")
```

実行結果

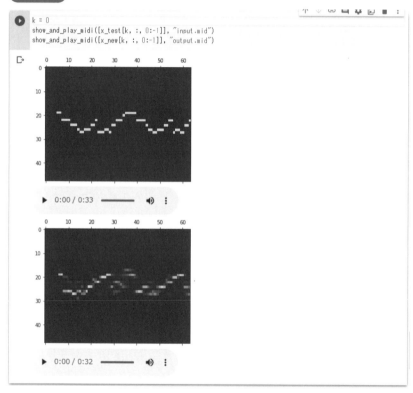

　先に出力されるピアノロールと再生ボタンが入力データ、後に出力される
ピアノロールと再生ボタンが VAE により再生成されたものです。どのぐら
い似ているか確かめてみましょう。

6.4.6 二つのメロディの中間的なメロディを生成してみる

いよいよお待ちかね、メロディモーフィングを試してみましょう。x_test にテスト用のメロディ（ピアノロール 2 値行列）がいくつも入っています。そこから適当に二つ選んでエンコーダ部に入力し、潜在空間内の点の座標を求めます。そしてそれらの内分点を求め、その座標をデコーダ部に入力してピアノロールを得ます。

次のプログラムを実行してみましょう。ここでは、0 番目のメロディと 1 番目のメロディに対して潜在空間内の座標を求め、その中点（1:1 の内分点）に対応するメロディを求めます。k1、k2、a をいろいろ変えて試してみましょう。

コード 6.8　二つのメロディの中間的なメロディを生成する

```
1   k1 = 0          # メロディを一つ選択
2   k2 = 1          # メロディをもう一つ選択
3   a = 0.5         # メロディの混ぜる割合
4
5   # テストデータ（x_test）に対して潜在空間内の点の座標を計算する
6   z = encoder.predict(x_test)
7   # 選んだメロディに対して、潜在空間内で a:1-a に内分する点を求める
8   z_new = a * z[k1] + (1 - a) * z[k2]
9   # デコーダに入力して新しいメロディのピアノロールを得る
10  x_new = decoder.predict(np.array([z_new]))
11  # 入力メロディ（一つ目）を聴けるようにする
12  show_and_play_midi([x_test[k1, :, 0:-1]], "input1.mid")
13  # 入力メロディ（二つ目）を聴けるようにする
14  show_and_play_midi([x_test[k2, :, 0:-1]], "input2.mid")
15  # 生成されたメロディを聴けるようにする
16  show_and_play_midi([x_new[0, :, 0:-1]], "output.mid")
```

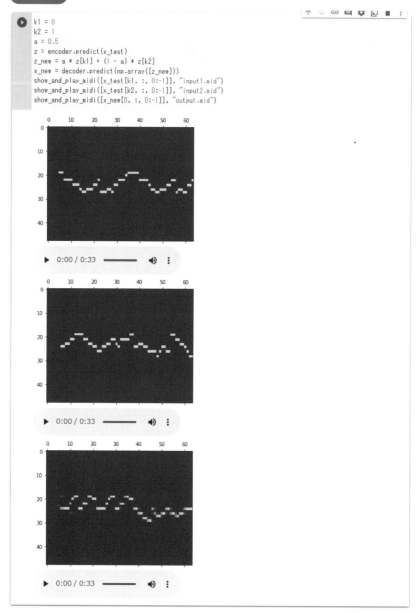

```
k1 = 0
k2 = 1
a = 0.5
z = encoder.predict(x_test)
z_new = a * z[k1] + (1 - a) * z[k2]
x_new = decoder.predict(np.array([z_new]))
show_and_play_midi([x_test[k1, :, 0:-1]], "input1.mid")
show_and_play_midi([x_test[k2, :, 0:-1]], "input2.mid")
show_and_play_midi([x_new[0, :, 0:-1]], "output.mid")
```

　いかがでしょうか。「中間的なメロディ」といわれてもピンとこないかもしれません。理想的には、a が 0 に近いときは x_test[k1] に近いメロディができ、a が 1 に近づくにつれ x_test[k2] に近づいていくはずなのですが、

本当にそうなっているかは、確かめてみないとわかりません。

6.5 もう少し深く

6.5.1 オートエンコーダの問題点をふたたび

オートエンコーダも VAE も、**メロディという複雑なデータを潜在空間の 1 点に押し込める**点では共通しています。潜在空間の 1 点に押し込むことで、**2 点の内分点の座標の計算**という形で二つのメロディの中間的なメロディを作り出すことができます。だったら、メロディモーフィングはオートエンコーダでできるのではないか、と思われるかもしれません。

メロディモーフィングがうまくいくには、**潜在空間内で近くにある 2 点からは、似たメロディが生成される**必要があります。しかし、オートエンコーダにはそれを実現する仕組みがないのです。オートエンコーダの学習で考慮されるのは、あくまで元のメロディが復元されるかどうかだけです。そのため、ある点の近くの点が全然異なるメロディを出力しても、それぞれの点から元のメロディが復元されれば、それでいいのです。そうなると、仮にある点と別の点の内分点を取ったとしても、その点から出力されるメロディが、元の二つのメロディの中間的なものになるとは限らない、ということになるのです（**図 6.4**）。

6.5.2 VAE を模式図で理解する

図 6.3 で説明したように、VAE では、あるメロディが潜在空間の 1 点に直接結びつけるのではなく、**正規分布**という分布に結びつけます。正規分布というのは**確率分布**の一つです。確率分布というのは、**ランダムに点を一つ取り出すマシン**だと思ってください。正規分布の場合、特定の点（平均ベクトル）の周囲から点を取り出す確率が高くなっています。この点を取り出す作業を**サンプリング**といいます。

オートエンコーダのエンコーダ部では、中間層（第 5 章では LSTM 層でした）の後に直接 d 次元ベクトルを出力する層が配置されていました。VAE のエンコーダ部では、中間層の後に**正規分布の平均と分散を推定する層**があり、その後に**その正規分布から d 次元ベクトルをサンプリングする層**があります（**図 6.5**）。

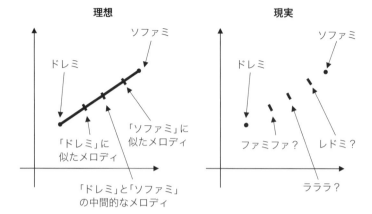

図 6.4　オートエンコーダによるメロディモーフィングの理想と現実。理想的には、「ドレミ」の近くには「ドレミ」に似たメロディが、「ソファミ」の近くには「ソファミ」に似たメロディが配置され、「ドレミ」と「ソファミ」の中点にはこれらの中間的なメロディがきてほしいが、実際には、「近いところに似たメロディを配置する」という制約が入ってないため、そうならない。

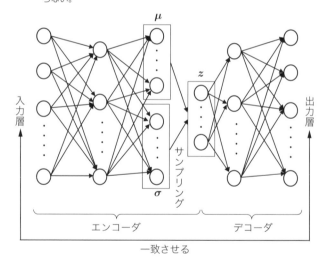

図 6.5　VAE の模式図。オートエンコーダと異なり、エンコーダ部は、潜在空間の 1 点 z を出力するのではなく、正規分布の平均 μ と分散 σ を出力し、その正規分布からサンプリングを行って z を得る。デコーダの出力がエンコーダの入力と一致するように学習させる点は、オートエンコーダと同じである。

6.5.3　事前分布と正則化を理解する

　VAE では、**事前分布**というものを導入すると述べました。これは、エンコーダ部で入力データを潜在空間の 1 点に変換する際に、どんな点にいきや

すいかを指定するものです。VAE では通常、事前分布として原点を中心とする正規分布を用います。この事前分布を用いることで、潜在空間では原点近くに集まりやすくなります。このように、学習において制約を与えることを**正則化**といいます。

では、我々が実行したコードのどこに正則化があるのでしょうか。コード6.2 の

```
encoder.add(tfp.layers.MultivariateNormalTriL(
    encoded_dim,
    activity_regularizer=tfp.layers.KLDivergenceRegularizer(
        prior,  weight=0.001)))
```

に隠されています。`activity_regularizer` という引数のところです[*1]。この引数には

```
tfp.layers.KLDivergenceRegularizer(prior, weight=0.001)
```

と書かれています。`prior` というのは、我々が事前分布用に作成した正規分布です。潜在空間内の実際のデータの分布と `prior` がどれだけ似ていないかを表す、KL-divergence と呼ばれる値を求めて、それを損失関数にペナルティとして足し算しています。このように、事前分布として指定した正規分布にできるだけ近づくように分布を学習するという処理は、事前分布からどれだけ離れているかを表す値を求めて損失関数に足す、という方法で実現されています。

そもそも、元々の損失関数は何を表すのでしょうか。VAE では（オートエンコーダもそうですが）入力と同じものが出力されるようにモデルを学習します。そのため、損失関数は、入力と同じものを再生成する際の失敗の度合（**再構築誤差**）を表します。これに、上で述べた事前分布からどれだけ離れているかを表す値（**正則化項**と呼びます）を足すわけです。このとき、再構築誤差と正則化項のバランスが問題になります。単純に足してしまうと、正則化項が効きすぎて再構築誤差が全く考慮されなくなったり、その逆が起こったりします。そこで、上のコードでは重み（`weight=0.001`）を設定しています。この場合、正則化項を 0.001 倍してから再構築誤差に足し算していることになります。

第6章 メロディモーフィングで学ぶ VAE

[*1]　正則化のことを英語で regularize といいます。

正規分布とは

　地面に数直線が引いてあり、上から地面に向かってボールを落とす場面を考えてみましょう。このとき、基本的にはボールは真下に落ちるはずですが、風の影響などがあるとちょっとズレて落ちることもあるでしょう。大幅にズレて落ちることもごく稀にはあるでしょう。これを 100 回ぐらい繰り返して落ちた場所のヒストグラムを書くと**図 6.6** のようになるはずです。このような分布を**正規分布**といいます。正規分布の真ん中が**平均値**で、ばらつきの程度を表す指標として**標準偏差**や**分散**があります。

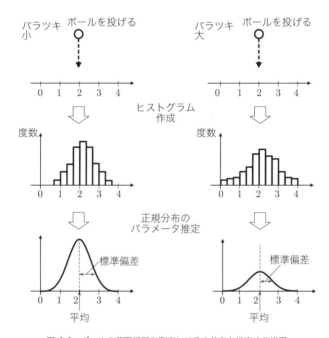

図 6.6　ボールの落下場所を測定してその分布を推定する様子

　ボールを投げる作業を 100 回ぐらい繰り返して、正規分布の場所と形（具体的には平均値と標準偏差）を求めることを**パラメータを推定する**といいます。逆に、パラメータ（平均値と標準偏差）が決まっていて、そこからボールを 1 回投げて落ちる座標を観測することを**サンプリング**といいます。**図 6.6** の左の分布は、右の分布に比べて 2.0～2.4 ぐらいの値が得られる確率が高いことが分かります。

6.6 研究事例紹介：MusicVAE

　VAE を使った音楽生成の研究事例として、MusicVAE[*2]を紹介します。Google Brain に所属する研究者らによって 2018 年に発表されたものです。Google Brain では、Magenta という TensorFlow を音楽生成に応用するプロジェクトを進めており、MusicVAE はその一環という位置づけです。`https://magenta.tensorflow.org/music-vae` で技術的な解説だけでなくデモ動画を見ることができます。このデモ動画は、本章で解説したメロディモーフィングの大変わかりやすいデモとなっていますので、ぜひご覧ください。

　MusicVAE の基本的な考え方は本章と同じですが、本章では行わなかった工夫があります。それはデコーダ部が階層的になっている点（**図 6.7**）です。本書で解説したモデルでは、デコーダ部の LSTM は音高列を出力していましたが、MusicVAE におけるデコーダ部では、まず一つ目の LSTM（図では「コンダクタ LSTM」と呼んでいます）が、潜在空間のベクトルから「コンダクタ」と呼ばれる時系列を出力します。コンダクタの各要素はベクトルになっていて、別の LSTM（図ではデコーダ LSTM と呼んでいます）の最初の時刻の中間層に用いられ、この LSTM がたとえば 1 小節分のメロディを生成します。つまり、コンダクタの各要素は、各小節のメロディの生成条件を表すベクトルとなっていると考えることができます。

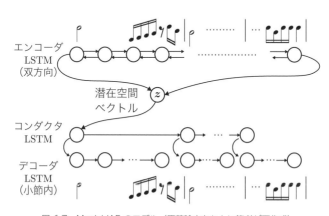

図 6.7　MusicVAE のモデル（原著論文をもとに筆者が再作成）

[*2]　Adam Roberts, Jesse Engel, Colin Raffel, Curtis Hawthorne, and Douglas Eck: A Hierarchical Latent Vector Model for Learning Long-Term Structure in Music, Proceedings of the 35th International Conference on Machine Learning (ICML 2018), 2018. `http://proceedings.mlr.press/v80/roberts18a/roberts18a.pdf`

MusicVAE を提案した研究者らは、2 小節のメロディやドラムパターンの他、16 小節のメロディやドラムパターンなどでも実験をしています。16 分音符を処理単位としているため、16 小節の場合、256 個の要素からなる時系列を扱うことになります。16 小節ぐらいになると、MusicVAE で採用した 2 段階の階層的なデコーダが効いてくるようです。

6.7 本章のまとめ

　本章では、次のことを学びました。

- メロディのような複雑なデータも、多次元空間の 1 点に押し込むことができれば、二つのメロディの中間的なメロディを作ることができる（**メロディモーフィング**という）。
- オートエンコーダの中間層の値を多次元空間（**潜在空間**という）の 1 点の座標ととらえれば、これを使ってメロディモーフィングができるはずである。しかし、オートエンコーダには、近い点から似たメロディを出力する仕掛けがないので、中間的なメロディになるとは限らない。
- **VAE**では、エンコーダの出力を潜在空間の 1 点ではなく分布にすることで、この問題をある程度解消している。

　次章は、複数のメロディがハーモニーを奏でる多重奏の生成について考えていきます。

演習

1. 潜在空間の次元数、エンコーダ部やデコーダ部の RNN の中間層のノード数、正則化項の重み値を変えると生成結果がどう変化するか、いろいろと試してみましょう。

2. 二つのメロディの中間的なメロディを生成するコードにおいて、a の値を 0.0 から 1.0 に段階的に変えると、理想的には、一つ目のメロディから二つ目のメロディにだんだん変わっていくはずです。本当にそうなるか確かめてみましょう[*3]。

3. `read_midi` 関数などを一部変更することで、長調の楽曲のみ読み込むようにできます。長調のメロディのみを学習した VAE を用いたとき、適当な二つの長調のメロディを選んでメロディモーフィングすると、その結果も長調になるかどうかを確かめてみましょう。長調か短調かは、第 2 章で解説したように「ミ」と「ミ♭」のどちらの出現頻度が高いかで判断できます（ハ長調／ハ短調に移調した場合）。

4. 同様に、短調のメロディのみを学習した VAE を用いて、短調のメロディのモーフィングを行ったときに、その結果も短調になるかどうかを確かめてみましょう。

5. 長調のメロディのみを学習した VAE は、たとえていえば「長調のメロディしか存在しない世界を作っている」といえるかもしれません。そんな VAE は、潜在空間のどの点を選んでも長調のメロディを生むのではないでしょうか。もしそうなら、短調のメロディを VAE に入力しても、VAE からは長調のメロディが出力されることになるでしょう。これは、一種の（長調から短調への）スタイル変換ということができます。本当にこんなことが起こるのか、確かめてみましょう。

[*3] 実際には、途中まで一つ目とほとんど変わらないメロディになり、どこかでガラッと二つ目とほとんど変わらないメロディになることも多いのですが。

　ディープラーニング分野の発展は目覚ましく、本書を執筆している間にも急に颯爽と現れて流行り出したものがいくつかあります。実際には、手法自体は何年も前に提案済みで、何らかのきっかけ（性能が高いモデルが一般公開された、わかりやすいタスクに応用されたなど）で急に流行り出すケースも多いのですが。

　そのような手法の一つに**拡散モデル**（diffusion model）があります。拡散モデルは、画像生成の文脈で語られることが多いので、ここでも画像を例にとって説明します。画像 x_0 に**ガウシアンノイズ**（正規分布に基づいて各画素の値に誤差を与えること）をほんのちょっと加えたものを x_1 とします。これを**拡散プロセス**（diffusion process）と呼びます。拡散プロセスを何回も行えば、単なるノイズになるのはわかると思います。いま、拡散プロセスを T 回（たとえば $T = 1000$）行って x_T を得たとしましょう。この x_T を**潜在変数**（潜在空間内の点）とみなします。VAE の考え方でいえば、ここまでの部分がエンコーダですね。では、デコーダはどうかというと、拡散プロセスの逆プロセス、つまり x_t から x_{t-1} を作るプロセスを学習できることが知られています。そのため、このプロセスを学習して T 回行うことで、元の画像に戻します。このモデルを使うと、VAE と同様に、ランダムな潜在変数から画像を作ったり、二つの画像から潜在変数を得てモーフィングしたりできます。

　この手法を音楽生成に応用した研究も存在します[4]。この研究では、ピアノロールを直接拡散モデルに入力するのではなく、MusicVAE でメロディを潜在変数の系列に変換してから拡散モデルに入力します。この MusicVAE では 2 小節のメロディを一つの潜在変数に変換する仕様になっていて、実験では 64 小節のメロディを扱ってますので、潜在変数が 32 個並んだものが入力されることになります。生成結果のサンプルもありますので、聴いてみてください[5]。

---

[4]　Gautam Mittal, Jesse Engel, Curtis Hawthorne, and Ian Simon: Symbolic Music Generation with Diffusion Models, Proceedings of the 22nd International Society for Music Information Retrieval Conference (ISMIR 2021), pp.468–475, 2021. https://doi.org/10.5281/zenodo.5624363

[5]　https://goo.gl/magenta/symbolic-music-diffusion-examples

第7章 多重奏生成で学ぶCNN

　音楽は、言語と深い関係があるといわれます。たしかに、言語は単語を並べて人に情報を伝えます。音楽は、音符を並べたものを演奏したり歌ったりすることで、人を感動させたりします。そういう意味では、音楽と言語には共通点がありそうです。

　では、音楽にはあって言語にない特徴はなんでしょうか。なんだか急になぞなぞのようになってしまいましたが、問い自体は大真面目です。いろいろな答えが考えられるかもしれませんが、答えの一つは、複数の音符の並びが同時並行的に奏でられることがよくある、ということではないでしょうか。

　言語において、複数の単語を同時に発声することは、通常はないと思います。もちろん、複数の人が同時に思い思いのことを喋り出すのはよくありますが、それを聞き取れるのは聖徳太子だけです。

　一方、音楽の場合はどうでしょう。いくつもの楽器が同時に異なるメロディを演奏し、それによってできるハーモニーを楽しむなんていうのは、音楽のごくごく基本的な楽しみ方です。むしろ、(ピアノのように1台でハーモニーを奏でられる楽器は別として) 一つの楽器だけで演奏された、ハーモニーのない音楽を聴く機会の方が少ないのではないでしょうか。

　複数のメロディが同時並行的に演奏されることでハーモニーが奏でられるようになっている音楽を「多重奏」といいます。本章では、多重奏を生成する方法を考えていきましょう。

7.1 本章のお題：多重奏を生成する

　本章で扱うお題は、**多重奏**を生成することです。多重奏とは、複数のメロディが同時並行的に奏でられることでハーモニーが作られる演奏です。**図7.1**を見てください。これは、我々が使っているInfinite Bachに収録されている一曲の楽譜です。**図7.1**の上から順番に、ソプラノ、アルト、テノール、バ

図 7.1　多重奏の楽譜の例

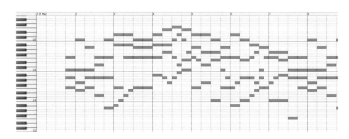

図 7.2　多重奏のピアノロールの例（全パートを一つのピアノロールにまとめた場合）

スの四つのパートが並んでいることがわかるでしょう。これらの全パートをまとめて一つにしてピアノロールに変換したものが**図 7.2** です。本章では、これを出力するニューラルネットワークを作ることにします。

　前章まで**ピアノロール2値行列**という表現方法を使って楽曲を数値表現にしてきました。今回もピアノロール 2 値行列を用いますが、異なる点が一つあります。それは、複数の音が同時に鳴るということです。前章までは同時には一つの音しか鳴らなかったので、休符要素を加えることで各拍の音高ベクトルを one-hot ベクトル化できました。本章ではそれができない（同時に複数の箇所が 1 になる場合が多々ある）ので、**休符要素は加えない**ことにします。

　多重奏ということで楽曲の内容が少し複雑になることから、本章ではまず、扱う楽曲の長さを 2 小節に限定します。ある楽曲の冒頭 2 小節のピアノロール 2 値行列を図示したものを**図 7.3** に示します。2 小節のピアノロールの生成ができるようになってから、本章の後半で 4 小節のピアノロール生成に挑戦します。

　ニューラルネットワークの出力はピアノロール 2 値行列でいいと思います

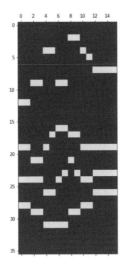

図 7.3　ピアノロール 2 値行列（2 小節分）を、1 を黄色、0 を紫で描画したところ。図 7.2 とは縦軸（音高）の向きが反対になっている。

が、入力はどうすればいいでしょうか。さまざまな可能性があると思いますが、ここでは簡単に**ランダムな d 次元ベクトル**とします。d 次元ベクトルの各要素にどんな値を入れるとどんなメロディになるかはわからないものの、ここに異なる値を入れることで異なるメロディが得られるようにします。

7.2　どう解くか：ピアノロールを画像ととらえる

本章でも前章と同じく、VAE を用います。たくさんのピアノロールを VAE で学習することで、潜在空間のさまざまな点にいろいろなピアノロールが埋め込まれます。あとは、潜在空間内のランダムな点を一つ選んでデコーダ部を動かせば、ランダムな d 次元ベクトルからピアノロールを作ることができます。

では、エンコーダ部とデコーダ部にはどのようなモデルを用いるのがいいでしょうか。前章と同じく LSTM を用いることもできます。しかし、ここでは他の方法を考えてみましょう。

ピアノロールを白黒画像ととらえ、**画像処理で用いられるモデル**を使ってはどうでしょうか。画像処理では**畳み込みニューラルネットワーク**（CNN）というモデルがよく用いられます。エンコーダ部にこれを使い、デコーダ部にはこれの逆演算を使うことにしましょう。

7.3 ざっくり学ぼう：畳み込みニューラルネットワーク（CNN）

7.3.1 フィルタと移動不変性

音楽からいったん離れて、簡単な小さな画像の識別を考えてみましょう。8ピクセル×8ピクセルの白黒画像があるとします。この画像には「＋」記号か「×」記号のどちらかが描かれているとします（**図7.4**）。どちらが描かれているのかを識別するニューラルネットワークを作ることを考えてみましょう。

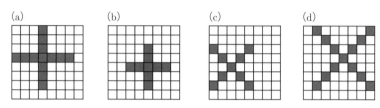

図 7.4　7.3.1 項で扱う「＋」記号と「×」記号の画像の例。内部では、■は 1、□は 0 として数値化されているものとする。

「＋」は縦線と横線、「×」は斜め線の組み合わせですから、画像から、縦線や横線、斜め線があるかどうかに関する情報を抽出すればよいでしょう。そのうえで、縦線や横線があれば「＋」、斜め線があれば「×」である可能性が高くなります。しかし、ここで気を付けないといけないのは、**これらの線が8ピクセル×8ピクセルのどこに現れるかは一定ではない**、ということです。もう一度**図7.4**を見てください。(a) と (b) は縦線や横線の出現位置がズレてますが、どちらも立派な「＋」記号です。(c) と (d) も同様に、どちらも「×」記号ですが、線の位置はズレています。ですので、単に見本となる画像を一つ用意して、それと 1 ピクセルごとに比較しても、うまくいきません。上下左右のピクセルとの相対的な関係から、縦線や横線があるのか斜め線があるのかを分析する必要があるのです。

そこで、3 ピクセル × 3 ピクセルの領域を取り出して、その領域が横線だったら 1、それ以外だったら −1 が出力される式を考えてみましょう（**図7.5**）。このように、周囲のピクセルの値に何かの係数をかけて足し算していく処理を**畳み込み**といい、この計算を使って特定の情報を取り出すものを**フィルタ**といいます。

ここで大事なことは、**このフィルタは画像のどこでも同じように使える**ことです。画像の左上でも中央でも右下でも、横線の有無の情報を抽出しようと思ったら同じフィルタを使うことができます。この性質を**移動不変性**と

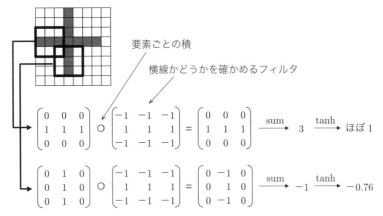

図 7.5 画像の一部に対してフィルタをかけることで、そこにあるパターンが存在するかを分析することができる。なお、このフィルタの行列は説明用に定めたものであり、このような値の行列を自分で用意するわけではない（学習によって求める）。また、このような式を作れることがわかれば、式の詳細を理解する必要はない。

いいます。

7.3.2 畳み込みニューラルネットワーク（CNN）とは

畳み込みニューラルネットワーク（CNN）とは、このフィルタという考え方に基づいたニューラルネットワークです。あるサイズ（前項の例では 3 ピクセル × 3 ピクセル）のフィルタを複数個用意し、フィルタの中身（**図 7.5** にあるような各ピクセルの値に掛け算する係数）を学習します。このフィルタは、左上から右下まで画像全体で使い回すため、フィルタサイズが大きすぎなければ、画像自体が大きくても、パラメータ数が多すぎて学習できないという事態にはなりません。

7.3.3 画像用のモデルをそのまま音楽に適用していいのか

CNN の前提になっているのは、7.3.1 項でも述べたように、**縦方向も横方向も移動不変性がある**ことです。つまり、あるピクセルから特徴抽出する計算は、その隣のピクセル、さらにその隣のピクセルに対してもそのまま適用しても構わないから、共通の係数のフィルタを画像の任意のピクセルに適用できるわけです。

では、音楽の場合はどうでしょうか。我々が扱ってるピアノロールは、横方向が時刻を、縦方向が音高（ドレミ）を表すわけですから、そのそれぞれに対して移動不変性があるのか考えてみましょう。

まずは、音高方向です。残念ながら、移動不変性があるとはいえません。ここでは、簡単のため、ハ長調前提で考えることにしましょう。ハ長調の場合、「ド」が頻繁に登場し、重要な役割を担います。ですので、「ド」がどういうタイミングでどう出現するかは、大変重要な情報です。一方、その隣は「ド♯」です。「ド♯」はハ長調ではめったに出現しません。「ド」に対する分析と「ド♯」に対する分析を同じフィルタで行うのは、無理があるといわざるを得ません。

　次に時間方向を考えましょう。音楽の時間軸には「小節」という概念があり、一つの小節の中に「強拍」と「弱拍」が存在します。どんな音が使われやすいかは、強拍と弱拍でそれなりに違います。たとえば、強拍よりも弱拍の方が、経過音と呼ばれる和音には含まれない音が使われやすい傾向があります。一方、強拍どうし、弱拍どうしであれば、ある程度は傾向が共通している可能性が高いといえます（あくまで「ある程度」ですが）。なので、移動不変性は完全には満たさないといえます。

　このように、音楽をピアノロールという画像として表すことができるとは言っても、普通の画像（写真など）とは異なる傾向があります。ですので、それに見合ったモデルを考える必要があります。

7.3.4 音楽用の CNN を考える

　ピアノロール 2 値行列（**図 7.3**）に対するフィルタの設計を考えましょう。ピアノロール 2 値行列では、横軸が時間、縦軸が音高を表します。横軸の要素数を N、縦軸の要素数を M とします。前項で述べたように、音高軸には移動不変性があるとはいえないので、それを考慮した設計にする必要があります。そこで、次のように設計します。

- 音高軸（縦軸）と時間軸（横軸）に対して別々に畳み込みを行う。
- 音高軸（縦軸）のフィルタサイズを $M \times 1$ とする。これにより、音高軸方向にフィルタがシフトされなくなるので、移動不変性を満たさない場合でも問題なくなる。
- 時間軸（横軸）のフィルタサイズを 1×4 とし、フィルタをシフトさせる際の移動幅（**ストライド**という）を 4 に設定する。これにより、強拍と弱拍が入れ替わることを防ぐ。

　この方針で設計したエンコーダ部において、入力データのサイズが各層を通過するごとにどう変化するかをまとめたものを**図 7.6** に示します。このよ

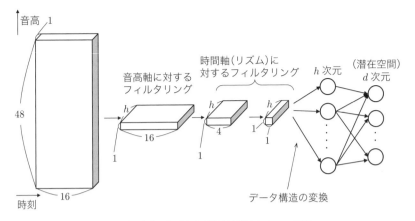

図 7.6　本章で作成する CNN-VAE のエンコーダ部

うに、まずは音高軸方向の情報が圧縮され、続いて時間軸方向が 2 回にわたって圧縮されて、n 次元ベクトルになります。

　デコーダ部は、これとは逆の変換が行われます（**図 7.7**）。d 次元ベクトルが与えられると、2 回にわたる逆フィルタによって時間軸方向が拡張され、その後音高方向が拡張されてピアノロール 2 値行列ができあがります。

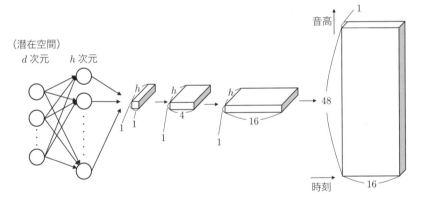

図 7.7　本章で作成する CNN-VAE のデコーダ部

7.4　コードを書いて試してみる（2 小節篇）

7.4.1　Google Colaboratory を開いて準備をする

いつもと同じように、新しい Google Colaboratory ノートブックを開いて、

Google ドライブをマウントしましょう。その後、PrettyMIDI、midi2audio、FluidSynth をインストールしましょう。

コード 7.1　PrettyMIDI、midi2audio、FluidSynth をインストールする

```
1  !pip install pretty_midi
2  !pip install midi2audio
3  !apt install fluidsynth
```

7.4.2 MIDI データを読み書きするコードをコピーする

こちらもいつもどおり、2.3.4 項と 2.3.5 項で作成した関数を使いますので、コード 2.5、コード 2.7、コード 2.8 をすべてコピー＆ペーストして実行しましょう。

7.4.3 MIDI データを読み込んで配列に格納する

こちらもほとんど前章までと同じですが、全パートをまとめて一つのピアノロールにする点、2 小節分しか使わない点などが異なります。次のコードを実行します。

コード 7.2　MIDI データを読み込んで配列に格納する

```
1   import glob
2
3   # MIDI ファイルを保存してあるフォルダへのパス
4   dir = "drive/MyDrive/chorales/midi/"
5
6   x_all = []   # 入力データ（多重奏ピアノロール）を格納する配列
7   files = []   # 読み込んだ MIDI ファイルのファイル名を格納する配列
8
9   # 指定されたフォルダにある全 MIDI ファイルに対して
10  # 次の処理を繰り返す
11  for f in glob.glob(dir + "/*.mid"):
12    print(f)
13    try:
14      # MIDI ファイルを読み込む
15      # pr：全パートをまとめたピアノロール 2 値行列
16      # keymode：長調（0）か短調か（1）
17      pr, keymode = read_midi(f, False, 16)
18      # ピアノロール 2 値行列やファイル名を配列に追加する
19      x_all.append(pr)
```

```
20      files.append(f)
21    # 要件を満たさない MIDI ファイルの場合は skip と出力して次に進む
22    except UnsupportedMidiFileException:
23      print("skip")
24
25  # あとで扱いやすいように、x_all を NumPy 配列に変換する
26  x_all = np.array(x_all)
```

実行結果

```
import glob

dir = "drive/MyDrive/chorales/midi/"

x_all = []
files = []
for f in glob.glob(dir + "/*.mid"):
  print(f)
  try:
    pr, keymode = read_midi(f, False, 16)
    x_all.append(pr)
    files.append(f)
  except UnsupportedMidiFileException:
    print("skip")
x_all = np.array(x_all)
```

```
drive/MyDrive/chorales/midi/014608b_.mid
drive/MyDrive/chorales/midi/011106b_.mid
drive/MyDrive/chorales/midi/006507b_.mid
drive/MyDrive/chorales/midi/035200b_.mid
drive/MyDrive/chorales/midi/038300b_.mid
drive/MyDrive/chorales/midi/036500B_.mid
drive/MyDrive/chorales/midi/064700b_.mid
drive/MyDrive/chorales/midi/009307b_.mid
drive/MyDrive/chorales/midi/041000b_.mid
drive/MyDrive/chorales/midi/014500ba.mid
drive/MyDrive/chorales/midi/027400b_.mid
drive/MyDrive/chorales/midi/042200b_.mid
drive/MyDrive/chorales/midi/036100b_.mid
```

7.4.4 事前分布を設定する

前章と同様に、TensorFlow Probability を使って事前分布を設定します。

コード 7.3　事前分布を設定する

```
1   import tensorflow as tf
2   import tensorflow_probability as tfp
3
4   encoded_dim=16          # 潜在空間の次元数
5   # 事前分布用の正規分布を準備する
6   tfd = tfp.distributions
7   prior = tfd.Independent(
8       tfd.Normal(loc=tf.zeros(encoded_dim), scale=1),
9       reinterpreted_batch_ndims=1)
```

7.4.5 畳み込み層を三つもつエンコーダ部を実装する

エンコーダ部を作ります。エンコーダ部は、7.3.4 項で述べたように、音高軸と時間軸を別々に畳み込みます。具体的には、次の順番で畳み込みを行います。

1. 音高軸方向の要素数を 48 から 1 に圧縮する
2. 時間軸方向の要素数を 16 から 4 に圧縮する
3. 時間軸方向の要素数を 4 からさらに圧縮して 1 にする

時間軸方向では、一つの要素が表す情報の粒度が段階的に下げられています。もともとの入力では、一つの要素は 8 分音符一つ分の情報を表しています。それがサイズ 4 × 1 のフィルタで畳み込まれることで、一つの要素は 8 分音符四つ分（＝ 2 分音符一つ分＝ 1 小節の半分）の情報を表すようになります。さらに、サイズ 4 × 1 のフィルタで畳み込まれることで、2 小節全体の情報が一つの要素で表されることになります。

実際のコードは次の通りです。このコードでは、フィルタ数を 1024 に設定しています。フィルタ数がある程度ないとさまざまなメロディのパターンを学習できないので、再構築誤差を十分に減らすことができません。しかし、多ければいいとは限りません。今回は、どの畳み込み層もフィルタ数を 1024 にしましたが、試行錯誤する余地は十分にあると考えます（後段の層ほどフィルタ数を多くすることもよくあります）。

コード 7.4　エンコーダ部を実装する

```
1   seq_length = x_all.shape[1]    # 時系列の長さ（時間方向の要素数）
2   input_dim = x_all.shape[2]     # 入力の各要素の次元数
3   hidden_dim = 1024              # フィルタの個数
4
5   # 空のモデルを生成
6   encoder = tf.keras.Sequential()
7   # 音高軸方向の要素数を 48 → 1 に変換
8   encoder.add(tf.keras.layers.Conv2D(
9       hidden_dim, (1, input_dim),
10      input_shape=(seq_length, input_dim, 1), strides=1,
11      padding="valid", activation="relu"))
12  # 時間軸方向の要素数を 16 → 4 に変換
13  encoder.add(tf.keras.layers.Conv2D(
```

```
14      hidden_dim, (4, 1), strides=(4, 1),
15      padding="valid", activation="relu"))
```
16 `# 時間軸方向の要素数を 4 → 1 に変換`
```
17  encoder.add(tf.keras.layers.Conv2D(
18      hidden_dim, (4, 1), strides=(4, 1),
19      padding="valid", activation="relu"))
```
20 `# CNN 用の行列（2 次元配列）を 1 次元配列に変換`
```
21  encoder.add(tf.keras.layers.Flatten())
```
22 `# 潜在空間内の正規分布（平均と分散）に変換`
```
23  encoder.add(tf.keras.layers.Dense(
24      tfp.layers.MultivariateNormalTriL.params_size(encoded_dim),
25      activation=None))
```
26 `# 正規分布から点を一つ取り出す`
```
27  encoder.add(tfp.layers.MultivariateNormalTriL(
28      encoded_dim,
29      activity_regularizer=tfp.layers.KLDivergenceRegularizer(
30          prior, weight=0.001)))
```
31 `# モデルの構造を画面出力する`
```
32  encoder.summary()
```

第7章

多重奏生成で学ぶ CNN

```
seq_length = x_all.shape[1]
input_dim = x_all.shape[2]
hidden_dim=1024

encoder = tf.keras.Sequential()
#音高軸方向の要素数を 48→1 に変換
encoder.add(tf.keras.layers.Conv2D(hidden_dim, (1, input_dim),
                                   input_shape=(seq_length, input_dim, 1),
                                   strides=1, padding="valid",
                                   activation="relu"))
#時間軸方向の要素数を 16→4 に変換
encoder.add(tf.keras.layers.Conv2D(hidden_dim, (4, 1), strides=(4, 1),
                                   padding="valid", activation="relu"))
#時間軸方向の要素数を 4→1 に変換
encoder.add(tf.keras.layers.Conv2D(hidden_dim, (4, 1), strides=(4, 1),
                                   padding="valid", activation="relu"))
#CNN用の行列（2次元配列）を1次元配列に変換
encoder.add(tf.keras.layers.Flatten())
encoder.add(tf.keras.layers.Dense(
    tfp.layers.MultivariateNormalTriL.params_size(encoded_dim),
    activation=None))
encoder.add(tfp.layers.MultivariateNormalTriL(
    encoded_dim,
    activity_regularizer=tfp.layers.KLDivergenceRegularizer(
        prior, weight=0.001)))
encoder.summary()
```

```
Model: "sequential"

Layer (type)                    Output Shape         Param #
=================================================================
conv2d (Conv2D)                 (None, 16, 1, 1024)  50176

conv2d_1 (Conv2D)               (None, 4, 1, 1024)   4195328

conv2d_2 (Conv2D)               (None, 1, 1, 1024)   4195328

flatten (Flatten)               (None, 1024)         0

dense (Dense)                   (None, 152)          155800

multivariate_normal_tri_l (     ((None, 16),         0
MultivariateNormalTriL)         (None, 16))

=================================================================
Total params: 8,596,632
Trainable params: 8,596,632
Non-trainable params: 0
```

7.4.6 畳み込み層の逆演算を行うデコーダ部を実装する

エンコーダ部の逆演算を行うデコーダ部を作ります。デコーダ部では、前節の三つの畳み込みの逆演算（逆畳み込み）を逆順に行います。つまり、次の処理を行うことになります。

1. 時間軸方向の要素数を 1 から 4 に拡張する
2. 時間軸方向の要素数を 4 からさらに 16 に拡張する
3. 音高軸方向の要素数を 1 から 48 に拡張する

エンコーダ部の畳み込み層と違って、要素数を増やす処理をすることになります。一見そんなことは不可能なようにも思えてしまいます。これをきちんと学習できるのは、フィルタを十分な個数用意しているからです。しかし、エンコーダ部の畳み込み層と同様、フィルタ数がいまの設定で最適とは限りません。試行錯誤してみるのもよいでしょう。

コード 7.5　デコーダ部を実装する

```
1  # 空のモデルを作る
2  decoder = tf.keras.Sequential()
3  # 16 次元の潜在空間のベクトルを 1024 次元ベクトルに変換
4  decoder.add(tf.keras.layers.Dense(
5      hidden_dim, input_dim=encoded_dim, activation="relu"))
6  # CNN 用の行列（2 次元配列）に変換
7  decoder.add(tf.keras.layers.Reshape((1, 1, hidden_dim)))
8  # 時間軸方向の要素数を 1 → 4 に変換
9  decoder.add(tf.keras.layers.Conv2DTranspose(
10     hidden_dim, (4, 1), strides=(4, 1), padding="valid",
11     activation="relu"))
12 # 時間軸方向の要素数を 4 → 16 に変換
13 decoder.add(tf.keras.layers.Conv2DTranspose(
14     hidden_dim, (4, 1), strides=(4, 1), padding="valid",
15     activation="relu"))
16 # 音高軸方向の要素数を 1 → 48 に変換（要素ごとのベクトルは 1 次元に）
17 decoder.add(tf.keras.layers.Conv2DTranspose(
18     1, (1, input_dim), strides=1, padding="valid",
19     activation="sigmoid"))
20 decoder.summary()
```

```
decoder = tf.keras.Sequential()
#16次元の潜在空間のベクトルを1024次元ベクトルに変換
decoder.add(tf.keras.layers.Dense(hidden_dim, input_dim=encoded_dim,
                                  activation="relu"))
#CNN用の行列 (2次元配列) に変換
decoder.add(tf.keras.layers.Reshape((1, 1, hidden_dim)))
#時間軸方向の要素数を 1→4 に変換
decoder.add(tf.keras.layers.Conv2DTranspose(
    hidden_dim, (4, 1), strides=(4, 1), padding="valid", activation="relu"))
#時間軸方向の要素数を 4→16 に変換
decoder.add(tf.keras.layers.Conv2DTranspose(
    hidden_dim, (4, 1), strides=(4, 1), padding="valid", activation="relu"))
#音高軸方向の要素数を 1→48 に変換 (要素ごとのベクトルは1次元に)
decoder.add(tf.keras.layers.Conv2DTranspose(
    1, (1, input_dim), strides=1, padding="valid", activation="sigmoid"))
decoder.summary()
```

```
Model: "sequential_1"

Layer (type)                 Output Shape              Param #
=================================================================
dense_1 (Dense)              (None, 1024)              17408

reshape (Reshape)            (None, 1, 1, 1024)        0

conv2d_transpose (Conv2DTra  (None, 4, 1, 1024)        4195328
nspose)

conv2d_transpose_1 (Conv2DT  (None, 16, 1, 1024)       4195328
ranspose)

conv2d_transpose_2 (Conv2DT  (None, 16, 48, 1)         49153
ranspose)

=================================================================
Total params: 8,457,217
Trainable params: 8,457,217
Non-trainable params: 0
```

7.4.7 エンコーダ部とデコーダ部をドッキングさせて VAE を完成させる

前章と同様に、エンコーダとデコーダを結合させることで VAE が完成します。前章と異なり、各時刻において複数の箇所が 1 になる可能性がある（one-hot ベクトルではない）ため、損失関数には 2 値交差エントロピーを用いています。

コード 7.6　エンコーダ部とデコーダ部をドッキングさせる

```
1  # 入出力を次のように定義したモデルを作る
2  # 入力：エンコーダ部の入力
3  # 出力：エンコーダ部の出力をデコーダ部に入力して得られる出力
4  vae = tf.keras.Model(encoder.inputs,
5                       decoder(encoder.outputs))
6  # モデルの最後の設定を行う
```

```
7    vae.compile(optimizer="adam", loss="binary_crossentropy",
8                metrics="binary_accuracy")
9    # モデルの構造を画面出力する
10   vae.summary()
```

実行結果

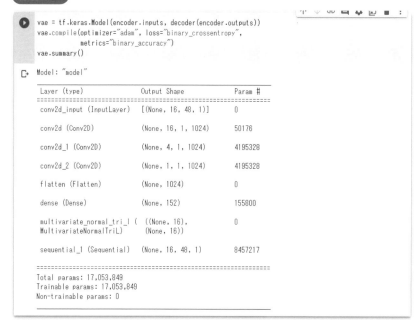

7.4.8 VAE を学習する

次に、学習を行います。VAE は、入力と出力に同じデータを指定する手法ですので、第 1 引数と第 2 引数の両方に x_all を与えて学習します。

コード 7.7 VAE を学習する

```
1    # x_all の各要素を入力すると同じものが出力されるように
2    # モデルを学習する
3    vae.fit(x_all, x_all, batch_size=32, epochs=1000)
```

```
vae.fit(x_all, x_all, batch_size=32, epochs=1000)
```

```
Epoch 1/1000
16/16 [==============================] - 14s 25ms/step - loss: 0.3730 - binary_accuracy: 0.9123
Epoch 2/1000
16/16 [==============================] - 0s 16ms/step - loss: 0.1928 - binary_accuracy: 0.9399
Epoch 3/1000
16/16 [==============================] - 0s 16ms/step - loss: 0.1859 - binary_accuracy: 0.9404
Epoch 4/1000
16/16 [==============================] - 0s 16ms/step - loss: 0.1833 - binary_accuracy: 0.9404
Epoch 5/1000
16/16 [==============================] - 0s 16ms/step - loss: 0.1794 - binary_accuracy: 0.9403
Epoch 6/1000
16/16 [==============================] - 0s 16ms/step - loss: 0.1780 - binary_accuracy: 0.9406
Epoch 7/1000
16/16 [==============================] - 0s 17ms/step - loss: 0.1765 - binary_accuracy: 0.9406
Epoch 8/1000
16/16 [==============================] - 0s 16ms/step - loss: 0.1761 - binary_accuracy: 0.9406
Epoch 9/1000
16/16 [==============================] - 0s 16ms/step - loss: 0.1741 - binary_accuracy: 0.9408
Epoch 10/1000
16/16 [==============================] - 0s 16ms/step - loss: 0.1725 - binary_accuracy: 0.9410
Epoch 11/1000
16/16 [==============================] - 0s 16ms/step - loss: 0.1720 - binary_accuracy: 0.9410
Epoch 12/1000
16/16 [==============================] - 0s 16ms/step - loss: 0.1708 - binary_accuracy: 0.9413
```

binary_accuracy が再構築の精度を表していますが、前章までと比べてず
いぶん値が高いのがわかると思います。これは、前章までは categorical_
accuracy を使っていたからで、両者の計算方法の違いに起因するものです。
詳しくは後で解説します。

7.4.9 楽曲を生成してみる

VAE の学習が終わったので、VAE の潜在空間の 1 点をランダムに指定し、
それを入力としてデコーダ部を実行することで、楽曲を生成してみましょう。
実行するたびに潜在空間の座標が変わり、それに合わせて楽曲も変化するは
ずですので、何度も実行してみましょう。

コード 7.8　楽曲を生成する

```
1  # 潜在空間内の 1 点をランダムに選ぶ
2  my_z = np.random.multivariate_normal(
3      np.zeros(encoded_dim), np.identity(encoded_dim))
4  print(my_z)
5  # ランダムに選んだ点の座標をデコーダ部に入力して
6  # ピアノロール 2 値行列を得る
7  my_x = decoder.predict(np.array([my_z]))
8  # 生成されたピアノロールを聴けるようにする
9  show_and_play_midi([np.squeeze(my_x)], "output.mid")
```

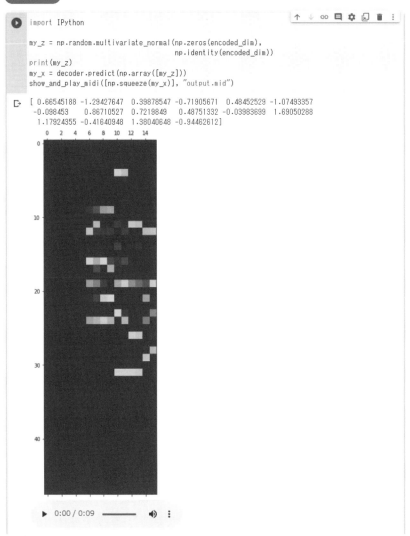

7.5 4小節の多重奏を学習するために改良する

　前節では 2 小節分のピアノロールを学習・生成しましたが、2 小節分ができるようになると、もっと長い場合を試したくなるのが人情です。しかし、多重奏は単旋律と違って構造が複雑なため、学習するのは簡単ではありませ

ん。うまく学習するにはいろいろと工夫が必要です。ここでは、前節で紹介したコードに対して、次の四つの工夫を行うことにします。

- 学習率を下げる。
- バッチノーマライゼーションを導入する。
- ドロップアウトを導入する。
- 活性化関数として Leaky ReLU 関数を用いる。

学習率というのは、1 回の学習でパラメータの値をどの程度動かすかを決める係数です。これがあまりに小さいとなかなか学習が進みませんが、大きすぎるとパラメータが振動して収束しません。そこで、もしも損失関数の値が下がらずに学習が進まなくなった場合は、学習率を下げることで改善される場合があります。

バッチノーマライゼーションは、ニューラルネットワークの各ノードの値を正規化する方法の一つです。バッチノーマライゼーションを使うことで学習が安定化するといわれています。

ドロップアウトは、学習のたびにランダムにいくつかのノードを選んで無効化するテクニックです。学習のたびに異なるノードが無効化されるため、学習データに対する損失関数の値が収束しにくくなり、学習が終わりにくくなります。学習が収束しないというと悪いことのように思われるかもしれませんが、こうすることで結果的に未知のデータに対する汎化性能を改善できるといわれています。

Leaky ReLU関数は、その名から推測できるように、ReLU 関数の亜種です。ReLU 関数では $x < 0$ の範囲で傾きが 0 になってしまいますが、そうならないように設計されています。

これらの詳細は、7.6.2 項で解説します。

7.5.1 Google Colaboratory を開いて下準備をする

「Google Colaboratory を開いて準備をする」から「事前分布を設定する」までは、1 箇所を除いて一緒です。変更すべき箇所は、コード 7.2 の 17 行目

```
pr, keymode = read_midi(f, False, 16)
```

を

```
pr, keymode = read_midi(f, False, 32)
```

に変えることです（これは時間軸方向の要素数を表し、1 小節あたり 8 個ですので、4 小節の場合は 32 にします）。この変更を忘れずに行ったうえで、7.4.1〜7.4.4 項の内容を順番に実行しましょう。

7.5.2 エンコーダ部を構築する

エンコーダ部の実装は次のように変わります。まずは、コードを見てみましょう。そのあと、2 小節版からの変更点を解説します。

コード 7.9　エンコーダ部を構築する

```
1   seq_length = x_all.shape[1]    # 時系列の長さ（時間方向の要素数）
2   input_dim = x_all.shape[2]     # 入力の各要素の次元数
3   hidden_dim = 2048              # フィルタの個数
4
5   # 空のモデルを生成
6   encoder = tf.keras.Sequential()
7   # 音高軸方向の要素数を 48 → 1 に変換
8   encoder.add(tf.keras.layers.Conv2D(
9       hidden_dim, (1, input_dim),
10      input_shape=(seq_length, input_dim, 1), strides=1,
11      padding="valid"))
12  encoder.add(tf.keras.layers.BatchNormalization())
13  encoder.add(tf.keras.layers.LeakyReLU(0.3))
14  # 時間軸方向の要素数を 32 → 16 に変換
15  encoder.add(tf.keras.layers.Conv2D(
16      hidden_dim, (2, 1), strides=(2, 1), padding="valid"))
17  encoder.add(tf.keras.layers.BatchNormalization())
18  encoder.add(tf.keras.layers.LeakyReLU(0.3))
19  # 時間軸方向の要素数を 16 → 14 に変換
20  encoder.add(tf.keras.layers.Conv2D(
21      hidden_dim, (4, 1), strides=(4, 1), padding="valid"))
22  encoder.add(tf.keras.layers.BatchNormalization())
23  encoder.add(tf.keras.layers.LeakyReLU(0.3))
24  # 時間軸方向の要素数を 4 → 1 に変換
25  encoder.add(tf.keras.layers.Conv2D(
26      hidden_dim, (4, 1), strides=(4, 1), padding="valid"))
27  encoder.add(tf.keras.layers.BatchNormalization())
28  encoder.add(tf.keras.layers.LeakyReLU(0.3))
29  encoder.add(tf.keras.layers.Dropout(0.3))
30  # CNN 用の行列（2 次元配列）を 1 次元配列に変換
31  encoder.add(tf.keras.layers.Flatten())
32  # 潜在空間内の正規分布（平均と分散）に変換
```

```
33    encoder.add(tf.keras.layers.Dense(
34        tfp.layers.MultivariateNormalTriL.params_size(
35            encoded_dim), activation=None))
36    # 正規分布から点を一つ取り出す
37    encoder.add(tfp.layers.MultivariateNormalTriL(
38        encoded_dim,
39        activity_regularizer=tfp.layers.KLDivergenceRegularizer(
40            prior, weight=0.001)))
41    # モデルの構造を画面出力する
42    encoder.summary()
```

2 小節版からの変更点は以下の通りです。

- 畳み込み層の追加（15〜16 行目）
  2 小節から 4 小節に楽曲の長さを変更したことで、時間軸方向の要素数が 16 から 32 に増加しています。そこで、畳み込み層を一つ追加しています。
- バッチノーマライゼーション層の追加（12、17、22、27 行目）
  ノーマライゼーション（正規化）とは、データの分布が特定の形（たとえば平均 0、分散 1）になるように値を変換することです。バッチノーマライゼーションでは、これと同種の処理をミニバッチごとに行います[*1]。バッチノーマライゼーションは、本来はニューラルネットワークの層ではないのですが、Dense や Conv2D などと同じ要領でモデルに追加できるようになっています[*2]。
- 活性化関数の ReLU 関数からの Leaky ReLU 関数への変更（13、18、23、28 行目）
  2 小節版では活性化関数として ReLU 関数を用いてきましたが、ここでは Leaky ReLU 関数に変更しています。両者の違いの詳細は後で詳しく述べます。ReLU 関数を用いる場合は、Conv2D や Dense オブジェクトを作成する際のコードに activation="relu"と書けばよかったのですが、Leaky ReLU 関数はこの書き方ができません。そこで、activation=のところを消し、

---

*1   学習データをいくつかの塊に分けて学習を行うとき、それぞれの塊を「ミニバッチ」というんでしたね（3.5.3 項参照）。
*2   難しい言い方をすると、Dense や Conv2D などと同様に、tf.keras.layers.Layer クラスを継承して作られています。

```
encoder.add(tf.keras.layers.LeakyReLU(0.3))
```

という行を別途追加しています。BatchNormalization クラスと同様に、LeakyReLU クラスも tf.keras.layers.Layer クラスを継承する形で作られていて、あたかもニューラルネットワークの層の一種かのように追加することができます。

- ドロップアウトの導入（29 行目）
  ドロップアウトとは、学習時にランダムに一部のノードを無効化する方法で、学習データに過適応するのを防ぐのに有用と言われています。28 行目では、ランダムに 30%のノードを選んで無効化するように設定しています。

7.5.3 デコーダ部を構築する

デコーダ部も変更点は一緒です。(1) 時間軸上の要素数の増加に伴う逆畳み込み層の追加、(2) バッチノーマライゼーションの追加、(3) 活性化関数の Leaky ReLU 関数への変更、(4) ドロップアウトの導入、の 4 点です。

コード 7.10　デコーダ部を構築する

```
1   # 空のモデルを作る
2   decoder = tf.keras.Sequential()
3   # 16 次元の潜在空間のベクトルを 2048 次元ベクトルに変換
4   decoder.add(tf.keras.layers.Dense(
5       hidden_dim, input_dim=encoded_dim, activation="relu"))
6   # CNN 用の行列（2 次元配列）に変換
7   decoder.add(tf.keras.layers.Reshape((1, 1, hidden_dim)))
8   # 時間軸方向の要素数を 1 → 4 に変換
9   decoder.add(tf.keras.layers.Conv2DTranspose(
10      hidden_dim, (4, 1), strides=(4, 1), padding="valid"))
11  decoder.add(tf.keras.layers.BatchNormalization())
12  decoder.add(tf.keras.layers.LeakyReLU(0.3))
13  # 時間軸方向の要素数を 4 → 16 に変換
14  decoder.add(tf.keras.layers.Conv2DTranspose(
15      hidden_dim, (4, 1), strides=(4, 1), padding="valid"))
16  decoder.add(tf.keras.layers.BatchNormalization())
17  decoder.add(tf.keras.layers.LeakyReLU(0.3))
18  # 時間軸方向の要素数を 16 → 32 に変換
19  decoder.add(tf.keras.layers.Conv2DTranspose(
20      hidden_dim, (2, 1), strides=(2, 1), padding="valid"))
21  decoder.add(tf.keras.layers.BatchNormalization())
```

```
22    decoder.add(tf.keras.layers.LeakyReLU(0.3))
23    decoder.add(tf.keras.layers.Dropout(0.3))
24    # 音高軸方向の要素数を 1 → 48 に変換(要素ごとのベクトルは 1 次元に)
25    decoder.add(tf.keras.layers.Conv2DTranspose(
26        1, (1, input_dim), strides=1, padding="valid",
27        activation="sigmoid"))
28    # モデルの構造を画面出力する
29    decoder.summary()
```

7.5.4 エンコーダ部とデコーダ部をドッキングさせて VAE を完成させる

　エンコーダ部とデコーダ部をドッキングさせて VAE を構築するところは、2 小節版と同じです。ただし、vae.compile(　)のところで学習率を明示的に設定しています。

コード 7.11　エンコーダ部とデコーダ部をドッキングさせる

```
1    # 入出力を次のように定義したモデルを作る
2    # 入力:エンコーダ部の入力
3    # 出力:エンコーダ部の出力をデコーダ部に入力して得られる出力
4    vae = tf.keras.Model(encoder.inputs,
5                         decoder(encoder.outputs))
6    # モデルの最後の設定を行う
7    vae.compile(
8        optimizer=tf.keras.optimizers.Adam(learning_rate=0.0002),
9        loss="binary_crossentropy", metrics="binary_accuracy")
10   # モデルの構造を画面出力する
11   vae.summary()
```

　学習(モデルのパラメータを決める処理)に、Adam という方法を指定しています。これまでも Adam という方法を指定していたのですが、指定の仕方が少し異なります。

　これまで:

```
vae.compile(optimizer="adam", loss="binary_crossentropy",
            metrics="binary_accuracy")
```

　今回:

```
vae.compile(
```

```
optimizer=tf.keras.optimizers.Adam(learning_rate=0.0002),
loss="binary_crossentropy", metrics="binary_accuracy")
```

これまでは単に `optimizer="adam"`と書いていました。この場合、学習率はデフォルトの値（0.001）が用いられます。今回は、学習率を指定するために

```
optimizer=tf.keras.optimizers.Adam(learning_rate=0.0002)
```

という書き方をしています。

7.5.5 VAE を学習する

VAE を学習するコードも、基本的には 2 小節版と同じです。学習を十分に行うため、ここではエポック数を 2000 に増やしています。

コード 7.12　VAE を学習する

```
1  # x_all の各要素を入力したら同じものが出力されるように
2  # モデルを学習する
3  vae.fit(x_all, x_all, batch_size=32, epochs=2000)
```

7.5.6 楽曲を生成してみる

ようやく準備が整いました。さっそく 4 小節の楽曲を生成してみましょう。潜在空間の 1 点の座標をランダムに選び取り、その座標をデコーダ部に入力することでピアノロールを生成します。コードは 2 小節版と全く一緒です。

コード 7.13　楽曲を生成する

```
1  # 潜在空間内の 1 点をランダムに選ぶ
2  my_z = np.random.multivariate_normal(
3      np.zeros(encoded_dim), np.identity(encoded_dim))
4  print(my_z)
5  # ランダムに選んだ点の座標をデコーダ部に入力してピアノロールを得る
6  my_x = decoder.predict(np.array([my_z]))
7  # 生成されたピアノロールを聴けるようにする
8  show_and_play_midi([np.squeeze(my_x)], "output.mid")
```

```
import IPython

my_z = np.random.multivariate_normal(np.zeros(encoded_dim),
                                      np.identity(encoded_dim))
print(my_z)
my_x = decoder.predict(np.array([my_z]))
show_and_play_midi([np.squeeze(my_x)], "output.mid")
```

```
[-0.83299848  0.9792989   1.64015672 -0.34018125  1.79816807 -0.6368/110
  1.51459615 -0.24392071  0.30131495 -0.83587727  0.03431814  0.09337604
  0.08167265  0.01637801 -0.67726733  1.03379999]
```

　いかがでしたでしょうか。実行のたびに異なる楽曲が生成されるはずですので、ぜひ何回も実行してみてください。バッハの楽曲に詳しい方は、バッハらしい音遣いが含まれているかどうかを考えてみるのもよいでしょう。

7.6 もう少し深く

7.6.1 活性化関数と損失関数を正しく選ぼう

　前章までとの違いは、出力されるメロディが単旋律か多重奏かです。単旋律は、one-hotベクトルを時間軸上に並べてデータ化していました。これは、各時刻で同時に複数の音が鳴ることがないので、休符要素を追加することで、「どれか一つの要素が1で、それ以外はすべて0」というone-hotベクトルの条件を満たすようにデータ化するのが容易だからです。一方、多重奏の場合は複数の音が同時に鳴るため、複数の要素が1になりえます（**many-hotベクトル**と呼んだりします）。

出力データが one-hot ベクトルか many-hot ベクトルかで、出力層の活性化関数や損失関数として何を使えばいいかが変わってきます。たとえば、softmax 関数は、one-hot ベクトルと many-hot ベクトルのどちらの場合に使うべきでしょうか。それとも、どちらの場合でも使えるのでしょうか。第 4 章の説明を思い出しましょう。softmax 関数は、どれか一つの要素が 1 に近づき、それ以外の要素が 0 に近づくという特性を持ち、出力ベクトルの各要素値の総和が 1 になるように設計された活性化関数です。つまり、one-hot ベクトルに近づきやすいように作られた活性化関数ですので、出力が one-hot ベクトルのときに適しています。一方、many-hot ベクトルは複数の要素が 1 になる可能性があるので、softmax 関数を活性化関数に使ってしまうと、その出力はどう頑張っても many-hot ベクトルには近づいていきません。

　シグモイド関数はどうでしょうか。シグモイド関数は要素ごとに独立に 0〜1 の値に変換します。そのため、複数の要素が 1 に近い値を出力することがあり得ます。そのため、出力が many-hot ベクトルのときに適しています。出力が one-hot ベクトルのときも全く学習できないわけではありませんが、softmax 関数の方がうまく学習できるでしょう。

　損失関数については、出力が one-hot ベクトルのときは多クラス交差エントロピー（categorical cross entropy）を用います。多クラス交差エントロピーでは、出力されるベクトルが one-hot ベクトルであるという前提で、何番目の要素が 1 なのかに関して計算値と正解データとの相違の度合を計算します。一方、出力が many-hot ベクトルのときは 2 値交差エントロピー（binary cross entropy）を用います。2 値交差エントロピーでは、各要素が 1 か 0 かに関して計算値と正解データとの相違の程度を計算します。

　以上のことを表にまとめると、**表 7.1** のようになります。筆者の研究室の学生から「学習が全く進まない」という相談を受けてプログラムを見ると、出力データが many-hot ベクトルなのに出力層の活性化関数に softmax 関数を使っているなんてことがよくあります。気をつけましょう。

表 7.1　出力データに応じた活性化関数と損失関数の選び方

出力データ	出力層の活性化関数	損失関数
one-hot ベクトル	シグモイド関数	多クラス交差エントロピー
many-hot ベクトル	シグモイド関数	2 値交差エントロピー

　精度（正解との一致率）を求める際も、注意が必要です。出力が one-hot ベクトルのときは `metrics` に `categorical_accuracy` を指定しますが、many-hot ベクトルのときは `binary_accuracy` を指定します。両者は計算

方法が異なり、後者の方が高い値になりがちです。ですが、これはあくまで精度の計算方法の話であり、モデルの良し悪しではないことに注意しましょう。

7.6.2 4小節版を作る際に行った四つの工夫

●【工夫1】学習率

ニューラルネットワークにおける学習の基本的な仕組みは、損失関数の値が最小になるまでパラメータの値をグリグリ変えてみるというものです。このとき、1回の処理でパラメータの値をどのぐらい動かすかを表すのが**学習率**です。適切な学習率を定めるのは大変重要です。学習率が低すぎるとじわりじわりとしか学習が進まないので、なかなか学習が終わりません。一方、学習率が高すぎると、損失関数が振動してなかなか下がらないという事態になります（**図7.8**）。

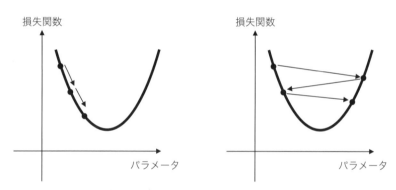

図 7.8　学習率が低い場合（左）と高い場合（右）。学習率が高すぎるとパラメータが振動し、収束の妨げになる場合がある。

TensorFlow では Adam という最適化手法を用いる場合、デフォルトの学習率は 0.001 です。もしも損失関数の値があるところから全く下がらないような事態になったら、学習率を下げてみるとうまくいくかもしれません。学習率を明示して Adam を使う場合は、

```
vae.compile(optimizer="adam", loss="binary_crossentropy",
            metrics="binary_accuracy")
```

の代わりに

```
vae.compile(
    optimizer=tf.keras.optimizers.Adam(learning_rate=0.0002),
    loss="binary_crossentropy", metrics="binary_accuracy")
```

のように書きます（この場合は、学習率を 0.0002 にしています）。

●【工夫2】Leaky ReLU 関数

Leaky ReLU関数は、その名の通り ReLU 関数の亜種です。ReLU 関数は、

$$s(x) = \max(0, x)$$

という関数でした。

$$s(x) = \begin{cases} x & (x \geq 0) \\ 0 & (x < 0) \end{cases}$$

と書くこともできます。つまり、ReLU 関数では $x < 0$ の範囲で傾きが0 になってしまいます。傾きが0 というのは、学習を進めるうえで不利な点があります。そこで、$x < 0$ の範囲でも傾きが0 にならないように、次の式に変更したものが Leaky ReLU です（**図 7.9**）。

$$s(x) = \max(\alpha x, x) = \begin{cases} x & (x \geq 0) \\ \alpha x & (x < 0) \end{cases}$$

α はいろいろな値が使われます（0.2 や 0.3 が多いようです）。

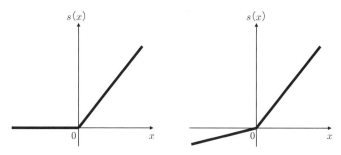

図 7.9　ReLU 関数（左）と Leaky ReLU 関数（右）。Leaky ReLU 関数は $x < 0$ のときでも傾きが 0 にならない。

　前章までは、活性化関数は、Dense や Conv2D などの層を追加する際に、`activation=`の形で書くことができました。しかし、Leaky ReLU 関数では α の値を指定する必要があるため、同じ書き方ができません。そこで、`activation=`の引数を削除し、その直後に

```
encoder.add(tf.keras.layers.LeakyReLU(0.3))
```

のように書きます。`0.3` というのが α の値です。

●【工夫3】バッチノーマライゼーション

　ノーマライゼーションとは「正規化」のことです。正規化にはいろいろ

な方法がありますが、よく使われるのが「変数ごとに全データの平均値を引いて標準偏差で割る」というものです。この計算をすることで、すべての変数の分布の平均が0、標準偏差が1になります。10000のような大きな数値を取る変数と0.1のような小さな数値を取る変数が混じっていても、この正規化を行うことで値の範囲が揃うので、さまざまな処理がしやすくなります。

バッチノーマライゼーションも、基本的にはこれと同様の考え方に基づく正規化手法です。少しだけ違うのは、ニューラルネットワークの学習は、多くの場合ミニバッチ単位で行われるということです。バッチサイズを32とすれば、仮に学習データが500個ぐらいあったとしても、それを32個ごとに塊を作って、塊ごとに学習を行います。そうなると、500個のデータすべてに対する平均と標準偏差は求めることができません。そこで、これをミニバッチごとにやりましょうというのが、バッチノーマライゼーションです。

ニューラルネットワークのあるノード x に対して、今学習対象のミニバッチから求めた平均値を μ_B、標準偏差を σ_B とすると、$\hat{x} = \dfrac{x - \mu_B}{\sigma_B}$ という計算を行います[*3]。こうすることで、$\hat{x}$ の分布の平均が0、標準偏差が1になるのですが、平均=0、標準偏差=1が常に最善とは限りません。そこで、さらに $x' = \gamma\hat{x} + \beta$ という計算を行います。これにより、分散の平均が β、標準偏差が γ になります。β、γ の値は、ニューラルネットワークの学習の枠組みの中で、他のパラメータと一緒に学習します。

TensorFlowでは、`tf.keras.layers.BatchNormalization` というクラスがあり、DenseやConv2Dなどと同様にモデルにaddすることで、バッチノーマライゼーションを導入することができます。また、バッチノーマライゼーションは、活性化関数の手前に入れるのがいいといわれています。そのため、

```
encoder.add(tf.keras.layers.Conv2DTranspose(
    hidden_dim, (4, 1), strides=(4, 1), padding="valid"))
encoder.add(tf.keras.layers.BatchNormalization())
encoder.add(tf.keras.layers.LeakyReLU(0.3))
```

というコードになっています。

[*3]　実際には、この式のままだと、全データにおける x の値がすべて同じ値（たとえば常に0）だったときに σ_B が0となり、ゼロ除算になってしまうので、きわめて小さな正の定数 ε を設定し、$\hat{x} = \dfrac{x - \mu_B}{\sqrt{\sigma_B^2 + \varepsilon}}$ という計算をします。

●【工夫 4】 ドロップアウト

ドロップアウトとは、学習を 1 回行うたびに、決められた割合（たとえば 30%）のノードをランダムに選んで、それらを無効化するテクニックです。それだけ聞くと何のためにあるのかよくわからないテクニックかもしれません。そこで、ニューラルネットワークのある層に x_1, x_2, x_3, x_4 という四つのノードがあるとして、自分がノード x_1 になった気持ちで考えてみましょう。いま、隣のノード x_2 がかなり頑張ってくれて、損失関数の値がかなり減ってきたとします。学習データに対する損失関数の値が十分に減り、これ以上下がらないところまでくると、もうこれ以上学習は進まなくなります。ここで急に x_2 が無効化されたらどうでしょうか。残された者たち、つまり x_1, x_3, x_4 だけで頑張って学習を進めるしかありません。そうやって学習が進んだところで x_2 が戻ってくれば、より頑健なネットワークが得られるのではないでしょうか。

つまり、学習データに対する損失関数が十分に下がってしまうと、どんなに学習データ以外に対する頑健性がないネットワークだとしても、学習は止まってしまいます。それを防ぐために、あえて学習データに対する学習が不利な状況を作っていると解釈すればよいでしょう。

また、こうも解釈することができます。学習のたびに無効化する変数が異なるので、いくつものネットワークを疑似的に用意して学習しているともいえます。仮に x_1, x_2, x_3, x_4 の四つの変数からなるネットワークがあって、25%の割合でドロップアウトを行えば、$\{x_1, x_2, x_3\}, \{x_1, x_2, x_4\}, \{x_1, x_3, x_4\}, \{x_2, x_3, x_4\}$ の四つのネットワークを学習し、そのうえでそれらを組み合わせて推論・生成を行っているということもできるでしょう。

TensorFlow では、Dense や Conv2D のような「層」と同じように、`tf.keras.layers.Dropout` クラスのオブジェクトを作って追加するだけで、実現できるようになっています。それを行っているのが、コード 7.9 およびコード 7.10 の

```
discriminator.add(tf.keras.layers.Dropout(0.3))
```

です。

7.6.3 CNN の詳細

CNN は、上で説明した**畳み込み**という計算を基本として設計されたニューラルネットワークです。この「畳み込み」という計算を行う層を**畳み込み層**といいます。それ以外に**プーリング層**というパーツもあり、これらを組み

合わせて用います。本書ではプーリング層は使いませんでしたが、通常の画像処理のための CNN ではよく用いられますので、ここで詳しく説明しておきます。

● CNN の一つ目のパーツ「畳み込み層」

畳み込み層は、すでに説明したように、周囲のピクセルの値を（適当な係数付きで）足すことで、特定の特徴を引き出す層です。入力は、M ピクセル $\times N$ ピクセル の画像です。各ピクセルは、本章の説明で用いた白黒画像のように、1 または 0 の値しか取らない場合もあるでしょうし、一つの連続値の場合もあります。カラー画像のように複数（青・赤・緑）の値の場合もあります。これらを包含すると、C 次元ベクトルとして表すことができます。ですので、入力全体は、$M \times N \times C$ の 3 階テンソル（プログラミング風にいえば「3次元配列」）で表されます。この各要素に対して、サイズが $I \times J$ のフィルタをかけます。フィルタを K 個用意するとすると、出力は、$M' \times N' \times K$ のテンソルになります。ここで、$M' = M - I + 1,\ N' = N - J + 1$ です（**図 7.10**）。

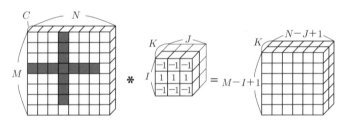

図 7.10　畳み込み層における入出力の関係

フィルタによってピクセル数が変わると不都合がある場合もあるかもしれません。その場合は、行数や列数が減る分だけあらかじめ 0 を追加します。これを**パディング**といいます。フィルタのサイズが 3 × 3 であれば、上下左右に 1 行（または 1 列）ずつ 0 を追加すれば、フィルタをかけた後のサイズが、0 を追加する前の入力のサイズに一致します（**図 7.11**）。

● CNN の二つ目のパーツ「プーリング層」

プーリング層は、平たくいうと画像の解像度を下げる処理です。たとえば、8 ピクセル × 8 ピクセルの画像を 4 ピクセル × 4 ピクセルに変換しようと思ったら、どれかのピクセルを残して、残りのピクセルは捨ててしまう必要があります。ここでよく使われるのが**最大値プーリング**（max pooling）という方法です。これは、たとえば画像を 2 ピクセル × 2 ピクセルごとのブ

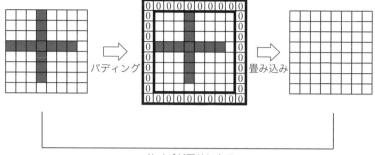

サイズが同じになる

図 7.11 畳み込みによってサイズが小さくなることを防ぎたい場合は、あらかじ
めその分だけ 0 を追加（パディング）してから畳み込みを行う。

ロックに区切ります（ブロックはカブりがないようにします）。そしてブロックごとに値が最大のピクセルを残すというものです（**図 7.12**）。どれかを残してどれかを捨てるのではなく、ブロック内の値の平均値に置き換えるという方法もあります（**平均値プーリング**といいます）。

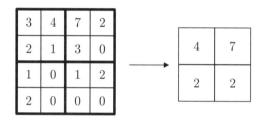

図 7.12 最大値プーリング

（右端縦書き）第**7**章 多重奏生成で学ぶ CNN

● これらのパーツをどう組み合わせるか

CNN を使った画像処理では、画像からの特徴抽出を段階的に行うので、**図 7.13** のように、畳み込み層とプーリング層をいくつもつなぎます。そう

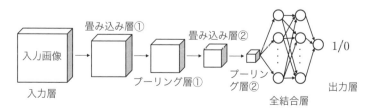

図 7.13 CNN のよくある構造。畳み込み層とプーリング層を交互にいくつか配置し、そのあとに全結合を経て出力層に至る。

やってある程度要素数が減った段階で、これを普通の（1次元配列の）中間層に形を変換し、全結合層を（場合によっては複数）つないだうえで、最終的に出力層につなぎます。

7.7 研究事例紹介：旋律概形からのメロディ生成

　CNNを使った研究事例として、筆者自身の研究で大変恐縮ですが、「旋律概形からのメロディ生成」というものを紹介いたします。**旋律概形**というのは、メロディのおおまかな形を曲線で表したものです。音楽に詳しくない方がメロディを聴いたとき、個々の音符が何かわからなくても「だんだん音が高くなって、その後音が低くなるメロディだ」ということぐらいはわかるのではないでしょうか。そんなメロディの「形」を画面にマウスや指で直接描くと、コンピュータがその「形」に沿ったメロディを自動で生成するシステムを作っています。

　このシステムにはいくつかのバージョンがあるのですが、最新のバージョンでは、CNNにオートエンコーダ風のモデルを組み合わせたもの（**図7.14**）になっています。オートエンコーダでは、エンコーダ部の入力とデコーダ部の出力には同じデータを指定します。それに対して、このシステムのモデル

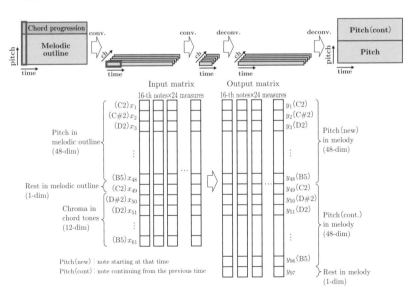

図7.14　「旋律概形からのメロディ生成」におけるモデル（上図）と入出力データの内容（下図）

では、エンコーダ部の入力とデコーダ部の出力には異なるデータを与えています。**図 7.15** を見てください。どちらもピアノロール 2 値行列のような形をしていますが、少し異なっています。デコーダ部の出力は普通にメロディを表すのですが、エンコーダ部の入力は「旋律概形＋コード進行」を表しています。旋律概形は、メロディを平滑化（とがった部分を削って「なまらせる」こと）して作ります。コード進行は、「ドミソ」とか「ドファラ」のような、伴奏における音遣いを表します。つまり、旋律概形＋コード進行をエンコーダ部の畳み込み層によって圧縮し、デコーダ部の逆畳み込み層によってメロディに変換する、という処理を行っているのです。

Google Colab 上でデモを試すことができます[*4]ので、ぜひお試しください。詳しくは論文[*5]をお読みください。

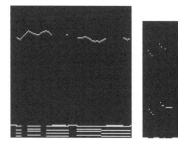

図 7.15 「旋律概形からのメロディ生成」における入力データと出力データの例

7.8 本章のまとめ

本章では、次のことを学びました。

- 画像処理のためのニューラルネットワークとして、**畳み込みニューラルネットワーク（CNN）**がある。
- CNN は、**畳み込み層**と**プーリング層**からなっており、**移動不変性**を前提に、畳み込みの係数を画像のすべての場所で同じものを用いる。
- 音楽は、ピアノロール表現により画像として扱うことができるので、CNN を用いることができる。ただし、移動不変性を完全には満たさないと考えられるので、一部変更が必要である。

---

*4 `https://bit.ly/3zB2Tja`
*5 北原 鉄朗：即興演奏支援に向けた旋律生成の一試行, 人工知能学会第 36 回全国大会, 4Yin2-25, 2023. `https://doi.org/10.11517/pjsai.JSAI2022.0_4Yin225`

- CNN と VAE を組み合わせることで、ランダムに決めた潜在空間の 1 点から多重奏を生成することができる。

　次章がとうとう最後の章です。次章では、画像生成で頻繁に用いられるもう一つの手法「GAN」を取り上げます。

---

*6　本来であれば、元となる二つの楽曲は学習データ以外から取るべきなのですが、本章では学習データとテストデータの分割をしなかったので、学習データから割り当てて構いません。もちろん学習データとテストデータの分割を自分で導入しても構いません。

　少なくとも2小節バージョンのものについては、10回ぐらい実行したら5〜6回ぐらいは「それっぽい」と思える楽曲が生成されたのではないでしょうか。しかし、ちょっと真剣に考えなくてはならないことがあります。それは、本当に新規な楽曲ができているのか、ということです。潜在空間の中でランダムな点を一つ選び、デコーダを動かして楽曲を生成しましたが、学習データに含まれるある曲が埋め込まれている場所にかなり近い点を、たまたま選んでしまっていたらどうでしょうか。そうすると、モデルが行ったことは、新規な楽曲の生成というよりは、その楽曲の再生成ということになってしまいます。本書ではこの問題には深入りしませんが、楽曲生成の研究をするのであれば、学習データの再生成にはなっていないことも確認する必要がありそうです。

　ちなみに、この問題は法律的な面からも興味深い問題です。ある法律事務所がブログに載せている記事に『AIが偶然に「穴子さん」を生み出した場合、サザエさんの著作権者に怒られるのか?』(https://storialaw.jp/blog/2867)というものがあります。つまり、機械学習モデルがたまたま実在するコンテンツとほぼ同じものを生成したとき、それは著作権違反になるのか、という問題です。その答えが何なのかはぜひ当該ブログの記事にてご確認ください。

第8章 多重奏生成で学ぶGAN

とうとう最後の章です。最後に学ぶのは、敵対的生成ネットワーク（GAN）という技術です。GAN は 2010 年代中頃に登場し、画像生成の世界で大きな脚光を浴びました。皆さんも、実在しない人物の顔画像をあたかも実写のようにリアルに作り出した事例を、ニュースなどで見たことがあるかもしれません。

前章でピアノロールは画像でもあると述べました。だったら、GAN を使って実在しないピアノロール（＝新しい楽曲）を作り出せないでしょうか。そこで、本章では GAN を用いて新しい楽曲を生成することに取り組みます。

GAN は、本物と偽物を見分ける「識別器」と、識別器が誤って本物と答えてしまうようにコンテンツを生成する「生成器」の二つが競い合うように学習するという、なかなか独創的なアイディアに基づくモデルです。一方で、その分学習が安定しない技術としてもよく知られており、さまざまな改良版が提案されています。

本章では、まず基本版の GAN の説明とコードの紹介をした後、改良版に関してはコードの紹介のみ行うことにします。

8.1 本章のお題：多重奏生成をふたたび

本章も、前章と同様に多重奏生成を扱います。2 小節分のピアノロール 2 値行列とたくさん与えてモデルを学習します。生成時には、ランダムな d 次元ベクトルを与えて、それを入力として 2 小節分のピアノロール 2 値行列を出力します。

8.2 どう解くか：画像生成モデルを用いる

前章と同様に、ピアノロールを画像ととらえ、画像生成で用いられるモデルを使うことにしましょう。上でも述べましたように、画像生成で一番ホット

なのは**敵対的生成ネットワーク**（GAN）[*1]でしょう。本章ではこれを使って多重奏を生成することにしましょう。

8.3 ざっくり学ぼう：敵対的生成ネットワーク（GAN）

　GAN は、**生成器**（generator）と呼ばれる、コンテンツ（我々の場合はピアノロール）を生成するモデルと、**識別器**（discriminator）と呼ばれる、本物と偽物を見分けるモデルが、互いに切磋琢磨しながら学習する、という今までにない考え方のモデルです。生成器は、d 次元の乱数ベクトルからコンテンツを生成します。一方、識別器は、コンテンツが入力されたときに、これが本物（学習用に用意したもの）なら 1 を、偽物（生成器が生成したもの）なら 0 を出力します。生成器は、おそらく初期のうちはでたらめなものしか出力できないはずです。しかし、「識別器が本物と判断すること」を目標に学習をどんどん行うことで、学習データに近い（つまり、本物と区別がつかない）コンテンツを生成できるようになるはずです。識別器は識別器で、どんどん学習が進む生成器に騙されないように、本物と偽物の判定をより精度よくできるように学習を進めます。以上の流れを図にすると、**図 8.1** のような形になります。

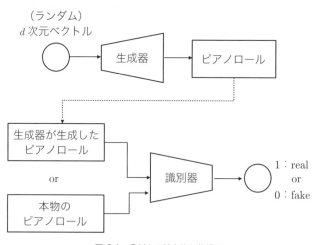

図 8.1　GAN の基本的な仕組み

[*1]　GAN は「ギャン」または「ガン」と発音します。日本人には「ギャン」と読む人が多い印象がありますが、GAN の発明者である Ian J. Goodfellow 氏の講演（YouTube で視聴できます）を聴くと「ガン」と「ギャン」の中間のように聞こえました。

学習の手順は、次の通りです。

① 生成器を使ってコンテンツを多数生成する。
② ①で生成したコンテンツには「偽物」(0) のラベルを、あらかじめ用意した学習データには「本物」(1) のラベルを与え、識別器を学習する。
③ 識別器のパラメータをいったん固定し、生成器が出力するコンテンツを識別器が「本物」と答えるように、生成器を学習する。具体的には、生成器の出力と識別器の入力をつないだモデルを作り、生成器が生成するコンテンツにすべて「本物」(1) というラベルを与えてモデルを学習する（このとき、識別器のパラメータを固定してあるので、生成器のパラメータのみが更新される）。
④ ①に戻る。

8.4 コードを書いて GAN（基本版）を試してみる

さっそく GAN を試してみましょう。ただ、GAN は「生成器と識別器が切磋琢磨する」という変わったコンセプトになっているため、学習がうまくいかないことが多々あります。そのため、本節では上のアイディアを素直に実装したコード（「基本版」と呼ぶことにします）を紹介しますが、学習に長時間（30 分以上）かかる割には、おそらくまともな音楽は生成されないでしょう。後で改良版「WGAN-GP」のコードも紹介していますので、そちらも合わせてお試しください。

8.4.1 Google Colaboratory で MIDI データを読み込む

Google Colaboratory ノートブックを開いて MIDI データを読み込むところまでは、前章と全く一緒です。7.4.1〜7.4.3 項を順番に実行しましょう。

そのあとに、次のコードを実行してください。このコードは 3 次元配列を 4 次元配列に変換するものです。我々が扱っているのはピアノロール 2 値行列ですので、1 曲から取り出したデータは 16×48 の行列（2 次元配列）です。一方、生成器が出力するのは $16 \times 48 \times 1$ の 3 次元配列です。そこで、これに合わせるため、ピアノロール 2 値行列を 3 次元配列に変換します。これが N 曲分あるので、全体としては $N \times 16 \times 48 \times 1$ の 4 次元配列になります（複数回実行しないように注意してください。実行のたびに配列の次元が増えてしまいます）。

```
1  # N × 16 × 48 の 3 次元配列を N × 16 × 48 × 1 の
2  # 4 次元配列に変換する
3  x_all = np.expand_dims(x_all, axis=-1)
```

8.4.2 生成器を構築する

　まずは生成器を構築します。生成器は、d 次元ベクトルを入力とし、ピアノ
ロール 2 値行列を出力とします。d 次元ベクトルからピアノロール 2 値行列
を出力するモデルは、前章の CNN-VAE におけるデコーダ部と共通です。で
すので、CNN-VAE のデコーダ部をそのまま使うことができます（**図 8.2**）。
ここでは、バッチノーマライゼーションとドロップアウトを導入し、活性化
関数を Leaky ReLU にしたものを用います。

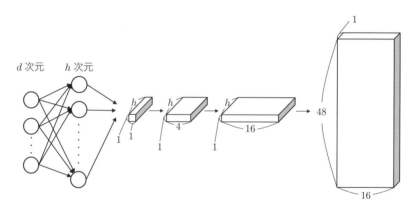

図 8.2　本章で作成する GAN の生成器

コード 8.2　生成器を構築する

```
1   import tensorflow as tf
2
3   seq_length = x_all.shape[1]    # 時系列の長さ（時間方向の要素数）
4   dim = x_all.shape[2]           # 時系列の各要素の次元数
5   encoded_size=32                # 入力のランダムベクトルの次元数
6   hidden_dim=1024                # フィルタの戸数
7
8   # 空のモデルを生成
9   generator = tf.keras.Sequential()
10  # 32 次元の入力ベクトルを 1024 次元ベクトルに変換
```

```
11   generator.add(tf.keras.layers.Dense(
12       hidden_dim, input_dim=encoded_size))
13   generator.add(tf.keras.layers.LeakyReLU(0.3))
14   # CNN 用の行列（2 次元配列）に変換
15   generator.add(tf.keras.layers.Reshape((1, 1, hidden_dim)))
16   # 時間軸方向の要素数を 1 → 4 に変換
17   generator.add(tf.keras.layers.Conv2DTranspose(
18       hidden_dim, (4, 1), strides=(4, 1), padding="valid"))
19   generator.add(tf.keras.layers.BatchNormalization())
20   generator.add(tf.keras.layers.LeakyReLU(0.3))
21   # 時間軸方向の要素数を 4 → 16 に変換
22   generator.add(tf.keras.layers.Conv2DTranspose(
23       hidden_dim, (4, 1), strides=(4, 1), padding="valid"))
24   generator.add(tf.keras.layers.BatchNormalization())
25   generator.add(tf.keras.layers.LeakyReLU(0.3))
26   # 音高軸方向の要素数を 1 → 48 に変換
27   #（要素ごとのベクトルは 1 次元に）
28   generator.add(tf.keras.layers.Conv2DTranspose(
29       1, (1, dim), strides=1, padding="valid",
30       activation="sigmoid"))
31   # モデルの構造を画面出力する
32   generator.summary()
```

```
generator.add(tf.keras.layers.BatchNormalization())
generator.add(tf.keras.layers.LeakyReLU(0.3))
#音高軸方向の要素数を 1→36 に変換（要素ごとのベクトルは1次元に）
generator.add(tf.keras.layers.Conv2DTranspose(
    1, (1, dim), strides=1, padding="valid", activation="sigmoid"))
generator.summary()
```

```
Model: "sequential"
```

Layer (type)	Output Shape	Param #
dense (Dense)	(None, 1024)	33792
leaky_re_lu (LeakyReLU)	(None, 1024)	0
reshape (Reshape)	(None, 1, 1, 1024)	0
conv2d_transpose (Conv2DTra nspose)	(None, 4, 1, 1024)	4195328
batch_normalization (BatchN ormalization)	(None, 4, 1, 1024)	4096
leaky_re_lu_1 (LeakyReLU)	(None, 4, 1, 1024)	0
conv2d_transpose_1 (Conv2DT ranspose)	(None, 16, 1, 1024)	4195328
batch_normalization_1 (Batc hNormalization)	(None, 16, 1, 1024)	4096
leaky_re_lu_2 (LeakyReLU)	(None, 16, 1, 1024)	0
conv2d_transpose_2 (Conv2DT ranspose)	(None, 16, 48, 1)	49153

```
Total params: 8,481,793
Trainable params: 8,477,697
Non-trainable params: 4,096
```

8.4.3 識別器を構築する

　識別器は、ピアノロール 2 値行列を入力とし、1 または 0 を出力します。CNN-VAE のエンコーダ部とほとんどが共通ですが、出力層のみが異なります。CNN-VAE のエンコーダ部の出力層を差し替えたものを**図 8.3** に示します。1 または 0 を出力するので、ノード数は 1、活性化関数はシグモイド関数を用います。

コード 8.3　識別器を構築する

```
1    # 空のモデルを生成
2    discriminator = tf.keras.Sequential()
3    # 音高軸方向の要素数を 48 → 1 に変換
4    discriminator.add(tf.keras.layers.Conv2D(
5        hidden_dim, (1, dim), input_shape=(seq_length, dim, 1),
```

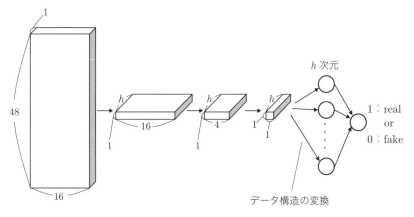

図 8.3　本章で作成する GAN の識別器

```
 6        strides=1, padding="valid"))
 7    discriminator.add(tf.keras.layers.BatchNormalization())
 8    discriminator.add(tf.keras.layers.LeakyReLU(0.3))
 9    # 時間軸方向の要素数を 16 → 4 に変換
10    discriminator.add(tf.keras.layers.Conv2D(
11        hidden_dim, (4, 1), strides=(4, 1), padding="valid"))
12    discriminator.add(tf.keras.layers.BatchNormalization())
13    discriminator.add(tf.keras.layers.LeakyReLU(0.3))
14    # 時間軸方向の要素数を 4 → 1 に変換
15    discriminator.add(tf.keras.layers.Conv2D(
16        hidden_dim, (4, 1), strides=(4, 1), padding="valid"))
17    discriminator.add(tf.keras.layers.BatchNormalization())
18    discriminator.add(tf.keras.layers.LeakyReLU(0.3))
19    # CNN 用の行列（2 次元配列）を 1 次元配列に変換
20    discriminator.add(tf.keras.layers.Flatten())
21    # ドロップアウト
22    discriminator.add(tf.keras.layers.Dropout(0.4))
23    # real/fake の出力層
24    discriminator.add(tf.keras.layers.Dense(
25        1, use_bias=True, activation="sigmoid"))
26    # モデルの構造を画面出力
27    discriminator.summary()
```

```
# drop out
discriminator.add(tf.keras.layers.Dropout(0.4))
# real/fakeの出力層
discriminator.add(tf.keras.layers.Dense(1, use_bias=True,
                                        activation="sigmoid"))
discriminator.summary()
```

```
Model: "sequential_1"
```

Layer (type)	Output Shape	Param #
conv2d (Conv2D)	(None, 16, 1, 1024)	50176
batch_normalization_2 (Batc hNormalization)	(None, 16, 1, 1024)	4096
leaky_re_lu_3 (LeakyReLU)	(None, 16, 1, 1024)	0
conv2d_1 (Conv2D)	(None, 4, 1, 1024)	4195328
batch_normalization_3 (Batc hNormalization)	(None, 4, 1, 1024)	4096
leaky_re_lu_4 (LeakyReLU)	(None, 4, 1, 1024)	0
conv2d_2 (Conv2D)	(None, 1, 1, 1024)	4195328
batch_normalization_4 (Batc hNormalization)	(None, 1, 1, 1024)	4096
leaky_re_lu_5 (LeakyReLU)	(None, 1, 1, 1024)	0
flatten (Flatten)	(None, 1024)	0
dropout (Dropout)	(None, 1024)	0
dense_1 (Dense)	(None, 1)	1025

```
Total params: 8,454,145
Trainable params: 8,448,001
Non-trainable params: 6,144
```

8.4.4 生成器と識別器をドッキングして GAN モデルを構築する

生成器と識別器を構築したら、これらをドッキングして GAN モデルを完成させます。次のコードを実行します。

コード 8.4　生成器と識別器をドッキングする

```
1  # 識別器の設定を固定
2  discriminator.compile(
3      optimizer="adam", loss="binary_crossentropy",
4      metrics="binary_accuracy")
5  # 識別器のパラメータ更新をさせなくする
6  discriminator.trainable = False
```

```
 7    # 次の仕様の入出力のモデルを作る
 8    # 入力：生成器の入力
 9    # 出力：生成器の出力を識別器に入力して得られる出力
10    gan = tf.keras.Model(generator.inputs,
11                         discriminator(generator.outputs))
12    # モデルの最後の設定を行う
13    gan.compile(optimizer="adam", loss="binary_crossentropy",
14                metrics="binary_accuracy")
```

　ちょっとトリッキーなことをしています。そのことを説明する前に、GAN
の学習手順をもう一度振り返ってみましょう。GAN では、識別器と生成器
の学習を交互に繰り返します。識別器は、学習データ（本物）と生成器が出
力したデータ（偽物）の識別の精度が上がるように学習を行います。これは、
両方のデータさえあれば、識別器単独で学習を実行可能です。一方、生成器
は、生成器が出力したデータが識別器によって「本物」と判定されるように
学習を行います。つまり、生成器の学習には、識別器を動かす必要がありま
す。そのため、生成器と識別器をドッキングさせて動かす必要があるのです。
しかし、単にドッキングさせたモデルを学習すると、識別器のパラメータも
更新させてしまいます。それを解決するのが

```
discriminator.trainable = False
```

です。これがあることで、ドッキングさせたモデルの学習を行っても、生成器
の部分だけパラメータが更新されます。でも、ちょっと待ってください。そ
うすると、識別器の学習はできるのでしょうか。実は、trainable の変更は、
compile( ) を実行しないと反映されないという仕様になっているのです。
そこで、trainable の変更を行う前に、discriminator の compile( )
を行っているのです。

8.4.5 生成器と識別器を学習する

　次に、生成器と識別器の学習を行います。前章までは、fit メソッドを使って
学習を行っていました。しかし、GAN では生成器と識別器を交互に学習しない
といけないので、学習のためのコードを自分で書く必要があります。とはいっ
ても、それほど難しいわけではありません。train_on_batch というメソッ
ドがあり、モデルのパラメータ更新は、このメソッドがやってくれます。自分
で書かないといけないのは、適切な正解ラベルを用意して train_on_batch
メソッドを呼び出すというのを for 文で繰り返すだけです。具体的なコード

は次の通りです。

コード 8.5 生成器と識別器を学習する

```
1   label_noisy = True       # ラベルにノイズを入れるかどうか
2
3   iterations = 10000       # 繰り返し回数
4   batch_size = 64          # バッチサイズ
5
6   idx_from = 0
7   for step in range(1, iterations+1):
8       ### ここから識別器の学習
9       # GAN に与える encoded_size 次元の乱数ベクトルを
10      # batch_size 個作成
11      rvs = np.random.normal(size=(batch_size, encoded_size))
12      # 乱数ベクトルを生成器に入力して偽物のピアノロールを得る
13      x_gen = generator.predict(rvs, verbose=0)
14      # 実在するピアノロールと組み合わせてデータセットを作る
15      idx_thru = idx_from + batch_size
16      x_real = x_all[idx_from : idx_thru]
17      x = np.concatenate([x_real, x_gen])
18      if label_noisy:
19          # x に対応するラベル（real：0.8〜1.0、fake：0.0〜0.2）を
20          # 用意する
21          labels = np.concatenate(
22             [np.ones((batch_size, 1))
23              - 0.2 * np.abs(np.random.random((batch_size, 1))),
24              np.zeros((batch_size, 1))
25              + 0.2 * np.abs(np.random.random((batch_size, 1)))])
26      else:
27          # x に対応するラベル（real：1、fake：0）を用意する
28          labels = np.concatenate([np.ones((batch_size, 1)),
29                                   np.zeros((batch_size, 1))])
30      # 識別器の学習（パラメータ更新）を 1 回行う
31      loss = discriminator.train_on_batch(x, labels)
32      if step % 50 == 0:
33          print(str(step) + ": D loss " + str(loss))
34
35      ### ここからは生成器の学習
36      # GAN に与える encoded_size 次元の乱数ベクトルを
37      # batch_size 個作成
38      rvs = np.random.normal(size=(batch_size, encoded_size))
39      # 生成されたピアノロールを real と答えるようにラベルを用意
```

```
40      mislead_labels = np.zeros((batch_size, 1))
41      # 生成器の学習（パラメータ更新）を 5 回行う
42      for i in range(5):
43        loss = gan.train_on_batch(rvs, mislead_labels)
44      if step % 50 == 0:
45        print(str(step) + ": G loss " + str(loss))
46
47      # 学習対象のミニバッチを切り替える
48      idx_from += batch_size
49      if idx_from + batch_size > len(x_all):
50        idx_from = 0
```

実行結果

```
# Generatorを学習
for i in range(5):
  loss = gan.train_on_batch(rvs, mislead_labels)
if step % 50 == 0:
  print(str(step) + ": G loss " + str(loss))

idxFrom += batch_size
if idxFrom + batch_size > len(x_all):
  idxFrom = 0
```

```
50: D loss [0.7848167419433594, 0.0]
50: G loss [3.654094696044922, 0.0]
100: D loss [0.5765701532363892, 0.0]
100: G loss [1.707503318786621, 0.0]
150: D loss [0.617311954498291, 0.0]
150: G loss [0.9537970423698425, 0.0]
200: D loss [0.5935664772987366, 0.0]
200: G loss [0.8424497246742249, 0.078125]
250: D loss [0.6705920696258545, 0.0]
250: G loss [0.9555708169937134, 0.0]
300: D loss [0.6307802796363831, 0.0]
300: G loss [0.8941367268562317, 0.171875]
350: D loss [0.5312763452529907, 0.0]
350: G loss [0.11578718572854996, 1.0]
400: D loss [0.6256096959114075, 0.0]
400: G loss [0.6319464445114136, 0.984375]
450: D loss [0.532007098197937, 0.0]
450: G loss [0.7007485628128052, 0.453125]
500: D loss [0.5136637091636658, 0.0]
500: G loss [0.1533711552619934, 1.0]
550: D loss [0.5202609896659851, 0.0]
550: G loss [0.5913341045379639, 0.6875]
```

1 行目に label_noisy という変数があります。これが True のとき、識別器を学習するための正解ラベルにノイズを与えます。詳しくは後述しますが、識別器の学習が進みすぎて生成器が学習できなくなるのを防ぐためです。

実行時の画面出力を見ると、

```
50: D loss [0.7848167419433594, 0.0]
50: G loss [3.654094696044922, 0.0]
```

のように書かれています。このコードでは学習を 50 回進めるごとに、損失
関数の値と識別精度を出力します。D loss と書かれている行は、識別器の
学習時の損失関数と識別精度です。ただし、識別器の学習には正解ラベルに
ノイズを与えている関係で、識別精度は計算されません（常に 0.0 と表示さ
れます）。これは仕様だと思ってください（識別精度が 0%というわけではあ
りません）。G loss と書かれている行は、生成器の学習時の損失関数と識別
精度です。こちらは、識別精度も計算されます。この画面出力では 0.0 です
が、これがたとえば 0.70 であれば、70%のデータに対して識別器が本物と
答えた（つまり、識別器をだますことができた）ことを表します。

　損失関数の値の変化の仕方を見ていると、識別器か生成器のどちらかだけ、
やたらと損失関数の値が下がっていく場合があります。そういう場合は学習
失敗ですので、一度止めてもう一度最初からやり直しましょう。

8.4.6 楽曲生成を試してみる

　学習が完了しましたので、楽曲を生成してみましょう。ランダムな d 次元
ベクトルを種として楽曲を生成するので、変数名が一部異なる以外は、コー
ドは前章と一緒です。次のコードを実行しましょう。

コード 8.6　楽曲を生成する

```
1  # ランダムなベクトルを一つ作る
2  my_z = np.random.multivariate_normal(
3      np.zeros(encoded_size), np.identity(encoded_size))
4  print(my_z)
5  # ランダムなベクトルを生成器に入力する
6  my_x = generator.predict(np.array([my_z]))
7  # 得られたピアノロールを聴けるようにする
8  show_and_play_midi([np.squeeze(my_x)], "output.mid")
```

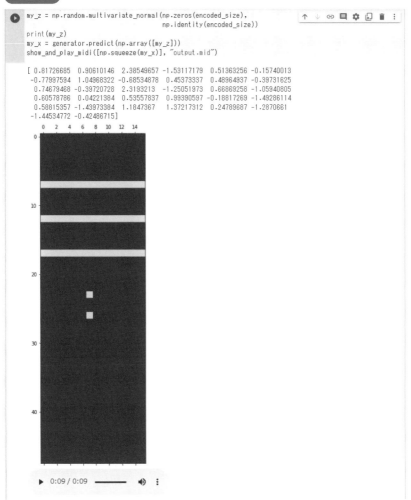

```
my_z = np.random.multivariate_normal(np.zeros(encoded_size),
                                     np.identity(encoded_size))
print(my_z)
my_x = generator.predict(np.array([my_z]))
show_and_play_midi([np.squeeze(my_x)], "output.mid")

[ 0.81726685  0.90610146  2.38549657 -1.53117179  0.51363256 -0.15740013
 -0.77997594  1.04968322 -0.68534878  0.45373337  0.48964937 -0.39731625
  0.74679468 -0.39720728  2.3193213  -1.25051973  0.66869258 -1.05940805
  0.60578786  0.04221384  0.53557837  0.99390597 -0.18817269 -1.49286114
  0.58815357 -1.43973384  1.1847367   1.37217312  0.24789687 -1.2870661
 -1.44534772 -0.42486715]
```

上の図は、2小節の間ずっと同じ和音を奏でているので、あまりうまくいった例とはいえません。全体的に、一から学習をやり直すのを何度か繰り返すと、多少マトモなメロディが出力されることもありますが、多くの場合、マトモとはいえないものが出力されると思います。

8.5 もう少し深く

8.5.1 GANでよく生じる問題

すでに繰り返し述べていますように、GANは安定した学習が難しい方法です。特に、次の二つの現象が頻繁に見られます。

(1) 生成器と識別器のどちらかが異様に強くなる。
(2) 異なる入力に対しても同じコンテンツしか出力しなくなる。

まず、一つ目の問題についてです。よくあるのが、識別器の学習だけがどんどん進むことで、本物と偽物の判定がほぼ完璧にできるようになり、生成器の学習が進まなくなってしまうという現象です。上で紹介したコードでは、識別器の学習だけがどんどん進むことを防ぐために、次の二つの工夫をしています。

- 識別器を1回学習するたびに、生成器の学習を複数回行う。
- 識別器の学習のときだけ、正解ラベルにノイズを加える。

前者は単に、generator.train_on_batch(　)をfor文で5回繰り返しているだけです。後者は、本来、本物には1、偽物には0のラベルを与えるところ、本物には0.8〜1.0の範囲の乱数、偽物には0.0〜0.2の範囲の乱数を与えています。ノイズの与え方にはいろいろな意見があり、本物と偽物の片方にだけノイズを加えるなど、いろいろな試行錯誤がなされています。ですので、今回のノイズの与え方が最善であるとは限りません。また、固定値ではあるものの1.0や0.0よりも中間的な値を用いる（たとえば本物には0.9、偽物には0.1）ということも行われています。

二つ目の問題も深刻です。この問題は**モード崩壊**と呼ばれています。GANでは、生成器に乱数（正確にはランダムなd次元ベクトル）を与えてコンテンツを生成します。当然、生成器に与える値が変われば生成されるコンテンツも変わると期待するわけです。しかし、何を与えても同じコンテンツしか出力されないという事態がよく起こります。これは、学習時に、出力されるコンテンツの多様性が考慮されないためです。識別器をだませるコンテンツを一つ、たまたま生成器が見つけてしまえば、常にそれを出力するのが最善

の方策になってしまいます。これを回避するためにいくつかの試みがなされていますが、詳細は省略することにいたします。

8.6 GAN の改良版「WGAN-GP」

　基本版の GAN はいかがでしたでしょうか。ごくまれにそれっぽい音楽を生成することもあるかもしれませんが、音楽とはいえない音楽が出力されることが多いのではないでしょうか。そこで、GAN の改良版をご紹介します。ここで紹介するのは**WGAN-GP**というものです。WGAN-GP にも識別器に相当するものがあるのですが、本物（1）か偽物（0）かを識別するのではなく、本物と偽物の分布の距離ができるだけ離れるように学習します[*2]。また、「勾配ペナルティ」なるものを導入します。このあたりの話は難しくなってしまうので、本書ではバッサリ省略します。とにかく GAN の改良版ということだけ理解してください。

　WGAN-GP を使った多重奏生成を試してみましょう。以下で紹介するコードは、Cheng-Han Wu 氏が作成したもの[*3]（MIT License）を利用して作成しました。

　こちらも学習に 30 分ぐらいの時間がかかりますが、基本版の GAN よりはマトモな音楽が生成されると思います。前章の CNN-VAE よりもいいかどうかは、微妙かもしれませんが。

8.6.1 Google Colaboratory で MIDI データを読み込む

　基本版の GAN と全く一緒です。8.4.1 項に書いてあることをその通り実行しましょう。

8.6.2 生成器を構築する

　生成器を構築するコードも、基本版の GAN と一緒です。8.4.2 項のコード 8.2 を入力して実行しましょう。

[*2]　基本版の GAN も、「本物と偽物の分布の距離ができるだけ離れるように学習する」という言い方ができるのですが、距離の計算方法が異なります。

[*3]　https://github.com/henry32144/wgan-gp-tensorflow

8.6.3 識別器を構築する

　識別器[*4]も基本的には基本版の GAN と変わりません。ただ、WGAN-GP の識別器ではバッチノーマライゼーションを用いない方がいいといわれています。そこで、バッチノーマライゼーションを削除した次のコードを用います。あと、WGAN-GP の識別器は、本物（1）／偽物（0）の識別を行うのではなく分布間の距離を求めてそれを最大化するので、出力される値を 1 ／ 0 にする必要はありません。そのため、出力層の活性化関数を sigmoid ではなく linear にします。

コード 8.7　識別器を構築する

```
1   # 空のモデルを生成
2   discriminator = tf.keras.Sequential()
3   # 音高軸方向の要素数を 48 → 1 に変換
4   discriminator.add(tf.keras.layers.Conv2D(
5       hidden_dim, (1, dim), input_shape=(seq_length, dim, 1),
6       strides=1, padding="valid"))
7   discriminator.add(tf.keras.layers.LeakyReLU(0.3))
8   # 時間軸方向の要素数を 16 → 4 に変換
9   discriminator.add(tf.keras.layers.Conv2D(
10      hidden_dim, (4, 1), strides=(4, 1), padding="valid"))
11  discriminator.add(tf.keras.layers.LeakyReLU(0.3))
12  # 時間軸方向の要素数を 4 → 1 に変換
13  discriminator.add(tf.keras.layers.Conv2D(
14      hidden_dim, (4, 1), strides=(4, 1), padding="valid"))
15  discriminator.add(tf.keras.layers.LeakyReLU(0.3))
16  # CNN 用の行列（2 次元配列）を 1 次元配列に変換
17  discriminator.add(tf.keras.layers.Flatten())
18  # ドロップアウト
19  discriminator.add(tf.keras.layers.Dropout(0.3))
20  # real/fake の出力層
21  discriminator.add(tf.keras.layers.Dense(
22      1, use_bias=True, activation="linear"))
23  discriminator.summary()
```

[*4]　WGAN-GP が提案された論文では「識別器」と呼ばずに「クリティック」（批評者、批判者の意味）と呼んでいますが、わかりやすさを重視して「識別器」と呼ぶことにします。

生成器と識別器をそれぞれ学習するための関数を用意します。

コード 8.8　生成器、識別器を学習する関数を作成する

```
1   LAMBDA = 10
2   D_optimizer = tf.keras.optimizers.Adam(
3       learning_rate=0.0001, beta_1=0.0, beta_2=0.9)
4   G_optimizer = tf.keras.optimizers.Adam(
5       learning_rate=0.0001, beta_1=0.0, beta_2=0.9)
6
7   # 識別器の学習を行う関数
8   # Copyright (c) Cheng-Han Wu, 2020.
9   def train_d(real_data, batch_size):
10    noise = tf.random.normal([batch_size, encoded_size])
11    e = tf.random.uniform(shape=[batch_size, 1, 1, 1],
12                          minval=0, maxval=1)
13    with tf.GradientTape(persistent=True) as dtape:
14      with tf.GradientTape() as gptape:
15        fake_data = generator([noise], training=True)
16        fake_data_mix = (e * tf.dtypes.cast(
17            real_data, tf.float32)
18            + ((1 - e) * fake_data))
19        fake_mix_pred = discriminator(
20            [fake_data_mix], training=True)
21      grads = gptape.gradient(fake_mix_pred, fake_data_mix)
22      grad_norms = tf.sqrt(
23          tf.reduce_sum(tf.square(grads), axis=[1, 2, 3]))
24      gradient_penalty = tf.reduce_mean(
25          tf.square(grad_norms - 1))
26      fake_pred = discriminator([fake_data], training=True)
27      real_pred = discriminator([real_data], training=True)
28      D_loss = (tf.reduce_mean(fake_pred)
29                - tf.reduce_mean(real_pred)
30                + LAMBDA * gradient_penalty)
31    D_gradients = dtape.gradient(
32        D_loss, discriminator.trainable_variables)
33    D_optimizer.apply_gradients(
34        zip(D_gradients, discriminator.trainable_variables))
35    return D_loss
36
37  # 生成器の学習を行う関数
```

```
38   # Copyright (c) Cheng-Han Wu, 2020.
39   def train_g(real_data, batch_size):
40     noise = tf.random.normal([batch_size, encoded_size])
41     with tf.GradientTape() as gtape:
42       fake_data = generator([noise], training=True)
43       fake_pred = discriminator([fake_data], training=True)
44       G_loss = -tf.reduce_mean(fake_pred)
45     G_gradients = gtape.gradient(
46         G_loss, generator.trainable_variables)
47     G_optimizer.apply_gradients(
48         zip(G_gradients, generator.trainable_variables))
49     return G_loss
```

8.6.5 生成器と識別器を学習する

生成器と識別器をそれぞれ学習する関数さえあれば、あとは生成器の学習と識別器の学習を交互に実行するだけです。次のコードを実行してみましょう。

コード 8.9　生成器と識別器を学習する

```
1    iterations = 10000     # 繰り返し回数
2    batch_size = 64        # バッチサイズ
3
4    idx_from = 0
5    for step in range(1, iterations+1):
6      # ミニバッチを準備する
7      idx_thru = idx_from + batch_size
8      x_real = x_all[idx_from : idx_thru]
9      # 識別器の学習を 1 回行う
10     loss = train_d(x_real, batch_size)
11     if step % 50 == 0:
12       print(str(step) + ": D loss " + str(loss))
13     # 生成器の学習を 5 回行う
14     for i in range(5):
15       loss = train_g(x_real, batch_size)
16     if step % 50 == 0:
17       print(str(step) + ": G loss " + str(loss))
18     # 学習対象のミニバッチを切り替える
19     idx_from += batch_size
20     if idx_from + batch_size > len(x_all):
21       idx_from = 0
```

8.6.6 楽曲を生成してみる

　学習が完了したら、楽曲を生成しましょう。コードは基本版の GAN と全く一緒です。次のコードを実行します。

コード 8.10　楽曲を生成する

```
1   # ランダムなベクトルを一つ作る
2   my_z = np.random.multivariate_normal(
3       np.zeros(encoded_size), np.identity(encoded_size))
4   print(my_z)
5   # ランダムなベクトルを生成器に入力する
6   my_x = generator.predict(np.array([my_z]))
7   # 得られたピアノロールを聴けるようにする
8   show_and_play_midi([np.squeeze(my_x)], "output.mid")
```

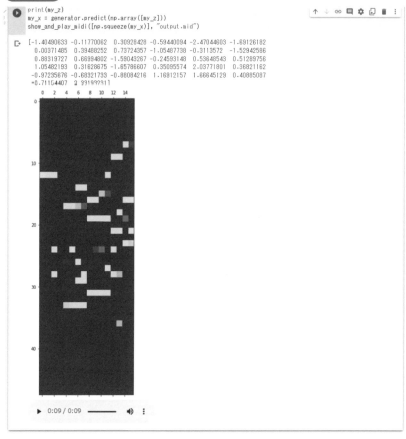

```
print(my_z)
my_x = generator.predict(np.array([my_z]))
show_and_play_midi([np.squeeze(my_x)], "output.mid")
```

```
[-1.40490633 -0.11770062  0.30928428 -0.59440094 -2.47044603 -1.69126182
  0.00371485  0.39488252  0.73724357 -1.05487738 -0.3113572  -1.52942586
  0.88319727  0.66994802 -1.59043267 -0.24593148  0.53648543  0.51289756
  1.05482193  0.31628675 -1.65786607  0.35095574  2.03771801  0.36821162
 -0.97235676 -0.68321733 -0.88084216  1.16912157  1.66645129  0.40885087
 -0.71154407  2.99199931]
```

　生成された楽曲を早速聴いてみましょう。いかがでしょうか。基本版の GAN に比べると、はるかにマトモな楽曲になっていると思います。

8.7　研究事例紹介：MidiNet

　CNN と GAN を使って楽曲を生成する研究事例として「MidiNet」[*5]を紹介します。2017 年に発表された論文なので、今となっては少し古めではありますが、CNN+GAN を使った音楽生成研究の「はしり」として、当時かなり

---

*5　Li-Chia Yang, Szu-Yu Chou, Yi-Hsuan Yang: MidiNet: A Convolutional Generative Adversarial Network for Symbolic-domain Music Generation, *Proceedings of the 2017 International Soociety for Music Information Retrieval Conference* (ISMIR 2017), pp. 324–331, 2017. https://doi.org/10.5281/zenodo.1415990

注目されました。

　MidiNet は、1 小節ごとにメロディを作るモデルです。なので、MidiNet が生成するのは、1 小節の単旋律のピアノロールです。もしも 8 小節のメロディが欲しければ、MidiNet によるピアノロールの生成を 8 回繰り返します。でも、そうすると、1 小節目と 2 小節目、2 小節目と 3 小節目はきれいにつながるのでしょうか。当然、単純に 1 小節の単旋律の生成を繰り返してくっつけても、全体としてつながりのある、まとまったメロディができるとは思えません。

　MidiNet では、この問題に対処するため、**条件付け**（conditioning）というものが行われています。**図 8.4** を見てください。生成器 CNN と識別器 CNN は、本書で紹介したものと似通ったものになっています（そもそも、この論文を参考にモデルを設計したので、当たり前と言えば当たり前ですが）。生成器 CNN の斜線の部分を見てください。これが「条件付け」で、一つ前の小節の情報を表します。では、この情報はどうやって作るのでしょうか。これらは、「条件付け CNN」によって、一つ前の小節のピアノロールを畳み込むことで作っています。

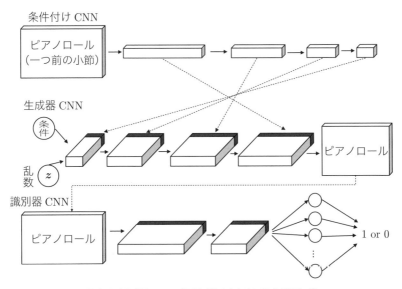

図 8.4　MidiNet のモデル図（論文をもとに筆者が再作成）

　このようにして、一つ前の小節のメロディの情報を加味しながらメロディを生成することで、小節ごとの生成でありながら、不連続感のないメロディの生成を実現しています。また、コード進行を条件付けに含めることもでき

るようになっています。これにより、与えられたコード進行に合うメロディを作ることができます。Web 上で生成されたメロディを聴くことができます[*6]ので、ぜひ聴いてみてください。

🐦🎵 Column **メロディ生成過程にユーザが関与するには**

　これまでメロディや多重奏の生成をいろいろ試してきました。第 6 章では「メロディモーフィング」と題し、二つのメロディを指定してその中間的なメロディを生成するというのを試しました。第 7 章と第 8 章では、乱数をもとに多重奏を生成しました。この二つのアプローチ、大きく違うところがあります。それは、「**ユーザが生成過程にかかわれるか**」です。乱数をもとに楽曲を作るアプローチでは、ユーザは実行ボタンを押すことしかできません。プログラムが乱数を作り、プログラムがその乱数から楽曲を作るからです。一方、メロディモーフィングでは、「こんなメロディが欲しい」という気持ちを、二つのメロディを選ぶという形で表すことができます。

　このように、単に新しいメロディ（楽曲）を作るのではなく、ユーザによる関与を認める形で新しいメロディを作る方法というのは、重要な研究テーマの一つです。「ユーザによる関与」というのは、ユーザがコンピュータに向かって「こんなメロディが欲しい」と伝えることなのですが、その方法にはさまざまなものが考えられます。「○○風」のように具体的なアーティストやスタイルを指定することもできるでしょうし、「明るい曲」のような印象語を指定することもできるでしょう。ただ、一つ考えないといけないことは、**コンピュータに伝える情報が過度に専門的になってはいけない**ということです。コード進行やリズムパターンなどを直接指定するとなると、それだけの音楽知識が必要ですし、音符を直接指定するとなると、ほとんど自分で作曲するのと変わらなくなってしまいます。

　第 7 章でも紹介しましたが、筆者は、**旋律概形**を使った作曲や即興演奏の支援システム（**図 8.5**）の研究開発を行っています。旋律概形とは、メロディの大まかな形を曲線で表したものです。音符やリズム、音階の情報をあえて隠していて、曲線をマウスや指で描くことさえできれば、誰でも簡単に描くことができます。ユーザが旋律概形を描くと、その概形に沿っていて、かつ音楽的にも妥当と思われるメロディを即座に生成します。

　「こんなメロディが欲しい」という気持ちをコンピュータに伝えるために、ユーザに何をさせるのか。旋律概形以外にもいろいろな答えがあると思います。ジェスチャーもあり得ますし、一見音楽とは関係なさそうな事柄を選んでも面

[*6]　https://richardyang40148.github.io/TheBlog/midinet_arxiv_demo.html

白いかもしれません。こんなことを考えながら音楽生成システムを開発するのも、なかなか楽しいかと思います。

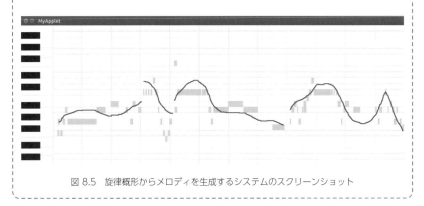

図 8.5　旋律概形からメロディを生成するシステムのスクリーンショット

8.8 本章のまとめ

本章では、次のことを学びました。

- 画像生成のためのニューラルネットワークに**敵対的生成ネットワーク**（GAN）がある。
- このネットワークは、**生成器**と**識別器**からなる。識別器は、本物のコンテンツと偽物の（ニューラルネットワークによって生成された）コンテンツを高精度に見分けることを目的としたニューラルネットワークである。生成器は、コンテンツ（本書の場合は楽曲）を生成するニューラルネットワークである。識別器の学習を進めつつ、生成器が生成したコンテンツを識別器が「本物」と判断するように生成器を学習することで、本物と見分けのつかないコンテンツを生成するようになる、という枠組みである。
- GAN の学習は大変難しい。よくある現象として、どんな入力に対してもほぼ同じ出力を返す**モード崩壊**がある。
- GAN の改良版として**WGAN-GP**がある。WGAN-GP は、GAN の学習の難しさや不安定さをある程度解決している。

演習

1. バッチサイズなどを変えてみたり、生成器のバッチノーマライゼーションを省略すると、結果がどのように変化するか確かめてみましょう[7]。

2. 本章では多重奏の生成を行いましたが、単旋律の生成ももちろん可能です。read_midi 関数を呼び出すコードの付近を書き換えることで、多重奏ではなくソプラノメロディを読み込んで、同じことを行ってみましょう（モデル構築・学習は全く同じコードで行えるはずです）。

3. 2. では単旋律（ソプラノメロディ）を用いましたが、モデルそのものは単旋律に特化したものではなかったため、複数の音が同時に鳴る（つまり、同じ時刻で異なる音高の要素が 1 になる）場合があります。そこで、次の手順によってモデルを単旋律に特化した場合を試しましょう。

   (1) 読み込んだデータに休符要素を追加し、各時刻の音高ベクトルがone-hot ベクトルになるようにする（4.4.4 項参照）。

   (2) 生成器の出力層の活性化関数を時刻ごとの softmax 関数にする。生成器の出力は時間軸と音高軸を持った行列なので、いままでのように単純に softmax 関数を指定することはできない。時刻ごと（つまり音高軸方向）の softmax 関数を指定するために、出力層を追加するコード（コード 8.2 の 28〜30 行目）を次のように書き換える[8]。

   ```
   generator.add(tf.keras.layers.Conv2DTranspose(
       1, (1, dim), strides=1, padding="valid"))
   generator.add(tf.keras.layers.Softmax(axis=2))
   ```

   (3) MIDI ファイルを生成する（show_and_play_midi 関数を呼び出す）際に休符要素が MIDI データとして入り込まないように、show_and_play_midi 関数を呼び出しているコード（コード8.10 の 8 行目）を次のように書き換える。

   ```
   show_and_play_midi(
       [np.squeeze(my_x[:, 0:-1, :])], "output.mid")
   ```

---

[7]　すでに述べたように、GAN は（WGAN-GP も）なかなか学習が安定しないため、同じ条件で何度かモデル構築・学習・生成実験を繰り返すべきです。なぜなら、全く同じ条件でも得られる結果が変わるため、たとえばバッチサイズを変えて実験をしたとしても、1 回だけの試行だと、それによる結果の違いがバッチサイズの違いによるものなのかが、よくわからないからです。

[8]　これは、GAN というよりは CNN の出力層が one-hot ベクトルの時系列であるときのテクニックです。

おわりに

　本書では、音楽を題材にさまざまなニューラルネットワークのモデルを、実際にプログラムを書きながら学んできました。数百曲の楽曲データを用いることで、メロディやハモリパート、多重奏などをニューラルネットワークが作り出すことができるということを、実感していただけたことと思います。

　ニューラルネットワークが行っていることは、あくまで計算です。足し算や掛け算、対数関数や指数関数などを組み合わせながら、学習時に与えられたデータにできるだけ近いものを出力できるように、計算式を調整しているだけです。それにもかかわらず、作曲や編曲といった創造的な行為をしてしまうことに、もしかしたら驚かれた方もいらっしゃるかもしれません。逆に、出力される楽曲のクオリティにがっかりした人もいるかもしれません。

　でも、ニューラルネットワークは本当に創造性を身につけたのでしょうか。そもそも、創造性とは何なのでしょうか。作曲や編曲ができることは、創造性があることを意味するのでしょうか。そのあたりの問題について少し私見を述べさせていただいて、本書を締めくくろうと思います。

● ニューラルネットワークは創造性を身につけたのか

　そもそも**創造性**とは何でしょうか。ある研究者は、コンピュータが創造的であるには、次のような要件を満たさないといけないと述べています。

> 　　　出力にコンピュータの意図と見識が見え、それがオーディエンスの興味を引いて価値をもたらすかどうかを、コンピュータ自身が説明できなければならない。
> （『Computational Creativity: The Pilosophy and Engineering of Autonomously Creative Systems』(Tony Veale and F. Amílcar Cardoso 編)，Springer, 2019 より)

　人間だって、名曲がなぜオーディエンスの興味をもたらすかを説明できるのか怪しいところではありますが、単に人間が高く評価する楽曲を生成できるだけではダメで、それが意図的に行われていることが重要だといいたいのでしょう。

　もう一つ大事なことがあります。それは、**既存のスタイルの模倣ではない**

ということです。既存のスタイルを模倣して新たな作品を作れることは、コンピュータにとっても人間の作曲家にとっても重要なスキルであることはもちろんですが、それができるだけでは創造的とはいえないでしょう。自分独自のスタイルを創発してこそ、創造的であるといえるのではないでしょうか。

　それが正しいとするならば、本書で紹介したニューラルネットワークは、全くもって創造的ではないと結論付けられるでしょう。ニューラルネットワークが行っていることは、数百曲の楽曲データの傾向を分析し、その傾向に沿った音楽データを出力することです。もちろん、新しいスタイルを創発できるわけもなく、出力された楽曲が新しいかどうかもわかりません。どちらかというと、学習データから導かれる「平均的な曲」を出力しているに過ぎないといえるかもしれません。

● 作曲するコンピュータは人間のパートナーになりうるか

　では、作曲するのに創造的とはいえないコンピュータに存在価値はあるのでしょうか。筆者は、多分に存在価値があると考えています。キーワードは、**人間とコンピュータの共創**です。

　楽曲を作るうえで、あらゆる楽器パートのあらゆるメロディが創造的である必要は必ずしもありません。むしろ主旋律などのいくつかの楽器パートだけが創造的であれば、残りは音で空間を埋めてくれればそれでいい、なんて場合も少なくありません。そんな場合に、創造的である必要がない楽器パートの編曲をコンピュータが担当するなんてことができるかもしれません。

　もう一つのケースが、作曲するスキルやノウハウがない人間と作曲するコンピュータが共創する場合です。この場合、創作に対して動機を与え、創作物に独自性を与えるのは人間が担当します。コンピュータは、人間が示した動機や独自性に沿って作曲を行います。これは、プロデューサと職人ミュージシャンの関係ともいうことができるかもしれません。しかし、これを実現するのは決して簡単ではありません。人間が持つ動機や独自性をどうにかしてコンピュータに伝えなければなりません。どんなユーザインタフェースを使ってどんな形式のデータとしてコンピュータに伝えるのか、さらに、コンピュータはそれをどのように汲み取って作曲処理に活かすのか、を考える必要があります。これらの事柄は、次の数十年で研究されていく課題なのかもしれません。

　これが実現できれば、作曲はもはや、選ばれた一部の人が楽しむ行為ではなくなります。（SNSに写真をアップロードするような）誰もが行う日常的な行為になるでしょう。そんな世の中がどんな感じかは想像するしかありま

せんが、きっといろいろな人が自己表現に夢中になり、新たな文化が生まれているのではないでしょうか。そんな状況を夢見て、筆者自身も研究に邁進したいと思います。

2023 年 9 月

北原　鉄朗

文献紹介

ここでは、本書を読み終えた人が次に読むべき本をいくつか紹介します。

● ディープラーニング全般

音楽に関係なく、ディープラーニングをさらにしっかりと学びたい人には、次の本がオススメです。

- François Chollet（著），株式会社クイープ（訳），巣籠 悠輔（監訳）：PythonとKerasによるディープラーニング，マイナビ出版，2018.
  2018年の段階でのディープラーニング技術について一通り取り上げた良書。KerasというAPIを用いたサンプルコードが載っていますが、本書のTensorFlowのコードもKerasに基づいていますので、本書のサンプルコードが理解できれば比較的簡単に理解可能なはずです。
- 巣籠 悠輔：詳解ディープラーニング TensorFlow/Keras・PyTorchによる時系列処理，マイナビ出版，2019.
  RNN（リカレントニューラルネットワーク）を中心に、時系列を扱うディープラーニングの手法を詳しく解説しています。本書よりも数理的な部分をしっかり説明していて、TensorFlow/Keras、PyTorchの両方のプログラムが載っているのが特徴です。本書では省略したTransformerの解説もあります。
- Jakub Langr, Vladimir Bok（著），大和田 茂（訳）：実践GAN敵対的生成ネットワークによる深層学習，マイナビ出版，2020.
  GANとその発展形に焦点を絞った解説本。GANへの導入の過程で、オートエンコーダも解説しています。数式も多くなく、サンプルコードにはKerasが使われていますので、本書の後に読む本として適していると思います。

ディープラーニングの本は数多く出版されており、ここですべてを紹介することはできません。ぜひ本屋さんでいろいろな本を手に取って自分に合うものを探してほしいと思いますが、この3冊は、本書を執筆する際にも大いに参考にさせていただいており、安心してオススメできます。

図書ではありませんが、次のWebページもオススメです。

- TensorFlow チュートリアル, https://www.tensorflow.org/tutorials?hl=ja
  音楽系に関する解説はないものの、画像、テキスト、音声などに対するディープラーニングについて、TensorFlow のコード付きで説明しています。基本的には、TensorFlow のチュートリアルなので、取り上げている手法自体の説明は多くありませんが、コードを動かしながら進められるので、解説を読んでもピンと来ない場合は、ここのコードを試してみるといいでしょう。

● コンテンツ生成に着目したディープラーニング本

音楽を含むコンテンツの生成への応用に特化したディープラーニング本としては、次のものがあります。

- David Foster (著), 松田 晃一, 小沼 千絵 (訳)：生成 Deep Learning ―絵を描き、物語や音楽を作り、ゲームをプレイする，オライリー・ジャパン，2020.
  ディープラーニングの代表的な手法を解説した後、サブタイトルにある通り、絵画、物語、音楽などの生成への応用について解説しています。音楽の生成に関する解説は 40 ページ弱しかありませんが、本書では省略したアテンション機構を利用した音楽生成などの解説もあります。
- Joseph Babcock and Raghav Bali: Generative AI with Python and TensorFlow 2 ―Create images, text, and music with VAEs, GANs, LSTMs, GPT models and more, Packt Publishing, 2021.
  本書でも取り上げた VAE、GAN、LSTM などを使って画像やテキスト、音楽を「生成」するモデルを学ぶ本。英語なので読むのは大変かもしれませんが、本書では取り上げなかった内容も多数扱われていますので、ぜひ挑戦してみてください。

● 最近の動向をざっくり知りたい人のための本やブログ

自分でコードを動かせるところまでは必要ないが、最新の動向は知っておきたい、あるいは、とにかくプログラムを実行して何かに活用したい、とい

う人もいるでしょう。そんな人のための本やブログを紹介します。

- 徳井 直生：創るための AI 機械と創造性のはてしない物語，2021.
  ディープラーニング技術を活用した作曲や DJ などの活動を行っている著者が、人間と機械の創造性について考察した本。理論やプログラムを理解するための本ではありませんが、哲学的な部分も含めて読み応えのある縦書き本になっています。
- Creative with AI, `https://createwith.ai/`
  上の書籍の著者である徳井氏が運営するブログ。自動音楽生成に関する最新の研究事例をごくごく簡単に解説してくれています。生成結果を聴けるページへのリンクがあったり、徳井氏の感想が載っているところが、ブログならではですね。
- 斎藤 喜寛：Magenta で開発 AI 作曲，オーム社，2021.
  Google が開発した自動作曲ライブラリ「Magenta」を使って AI 作曲を実践するための本。Magenta のモデル内部の解説はほとんどありませんが、Magenta の動かし方を丁寧に解説していて、最先端の研究成果を手っ取り早く試したい人にはベストな一冊です。

● 専門的にガッツリ学びたい人のための本や解説論文

　最後に、音楽生成についてきちんと学んで自分で研究したいという人のための本を紹介します。

- 後藤 真孝，北原 鉄朗，深山 覚，竹川 佳成，吉井 和佳：音楽情報処理，メディアテクノロジーシリーズ，コロナ社，2023.
  機械学習やディープラーニングに限定せず、音楽情報処理に関する多様な分野を解説した本。「自動作曲」という章があり、本書で扱った内容に関する事柄が、よりアカデミックな立場から述べられています。
- Jean-Pierre Briot, Gaëtan Hadjeres, François-David Pachet: Deep Learning Techniques for Music Generation – A Survey, arXiv:1709.01620, 2019. `https://doi.org/10.48550/arXiv.1709.01620`
  タイトルの通り、ディープラーニングを用いた音楽生成に関するサーベイ論文。音楽生成の目的や音楽のデータ表現から始まり、研究するうえで重要な観点がうまくまとまっているほか、さまざまな研究事例

を丁寧に紹介しています。また、著者の3名は音楽生成研究分野で世界的に活躍する一線の研究者です。200ページぐらいあるので、すべてを読むのはかなり骨が折れると思いますが、何人かで分担しながら読み進めてみてはいかがでしょうか。

索引

〈著者略歴〉

北原 鉄朗（きたはら　てつろう）

2002 年　東京理科大学 理工学部 情報科学科 卒業
2004 年　京都大学大学院 情報学研究科 知能情報学専攻 修士課程 修了
2007 年　同 博士後期課程 修了　博士（情報学）
同　年　科学技術振興機構戦略的創造研究推進事業デジタルメディア領域博士研究員
2010 年　日本大学 文理学部 情報システム解析学科 専任講師
2014 年　日本大学 文理学部 情報科学科 准教授
現　在　日本大学 文理学部 情報科学科 教授
主な研究分野は音楽情報処理。身のまわりのさまざまな音をコンピュータが理解したり、
つくり出したりする技術の開発に取り組んでいる。

〈主な著書〉
『音楽情報処理』（メディアテクノロジーシリーズ）（共著、コロナ社、2023）

音楽で身につけるディープラーニング

2023 年 10 月 15 日　　第 1 版第 1 刷発行

著　　者　北 原 鉄 朗
発 行 者　村 上 和 夫
発 行 所　株式会社 オーム社
　　　　　郵便番号　101-8460
　　　　　東京都千代田区神田錦町 3-1
　　　　　電話　03(3233)0641(代表)
　　　　　URL　https://www.ohmsha.co.jp/

© 北原鉄朗 2023

印刷・製本　三美印刷
ISBN978-4-274-23106-3　Printed in Japan

本書の感想募集 https://www.ohmsha.co.jp/kansou/
本書をお読みになった感想を上記サイトまでお寄せください。
お寄せいただいた方には、抽選でプレゼントを差し上げます。